浙江省新型重点专业智库——浙江财经大学政府监管与公共政策研究院资助

政府管制研究系列文库
The Research Archive on Regulation

监管绩效、体制改革与政策实践：
我国食品安全监管的理论与实证研究

Performance of Regulation, System Reform and Policy Practice:
A Theoretical and Empirical Study of Food Safety Regulation in China

张肇中◎著

U0226088

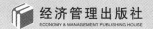

经济管理出版社
ECONOMY & MANAGEMENT PUBLISHING HOUSE

图书在版编目（CIP）数据

监管绩效、体制改革与政策实践：我国食品安全监管的理论与实证研究/张肇中著 . —北京：经济管理出版社，2018.9
ISBN 978 - 7 - 5096 - 6004 - 1

Ⅰ.①监… Ⅱ.①张… Ⅲ.①食品安全—监管制度—研究—中国 Ⅳ.①TS201.6

中国版本图书馆 CIP 数据核字（2018）第 208210 号

组稿编辑：张 艳
责任编辑：张 艳 乔倩颖
责任印制：黄章平
责任校对：王淑卿

出版发行：经济管理出版社
　　　　　（北京市海淀区北蜂窝 8 号中雅大厦 A 座 11 层　100038）
网　　　址：www. E - mp. com. cn
电　　　话：(010) 51915602
印　　　刷：三河市延风印装有限公司
经　　　销：新华书店
开　　　本：720mm×1000mm/16
印　　　张：14.5
字　　　数：276 千字
版　　　次：2018 年 9 月第 1 版　　2018 年 9 月第 1 次印刷
书　　　号：ISBN 978 - 7 - 5096 - 6004 - 1
定　　　价：49.00 元

·版权所有　翻印必究·
凡购本社图书，如有印装错误，由本社读者服务部负责调换。
联系地址：北京阜外月坛北小街 2 号
电话：(010) 68022974　　邮编：100836

浙江省哲学社会科学重点研究基地"浙江财经大学政府管制与公共政策研究中心"课题（编号：14JDGZ02YB）；

国家自然科学基金青年项目"互联网食品安全监管声誉强化及信息传递优化机制研究"（编号：71603229）；

教育部人文社会科学研究青年基金项目"网络治理框架下食品安全信息传递优化路径研究——危害溯源与责任追索"（编号：15YJC790151）；

浙江省自然科学基金青年项目"基于危害溯源的食品安全事后监管嵌合机制及信息传递优化研究"（编号：LQ16G030005）。

总　序

　　英文 Regulation，通常被译为“管制”“规制”或者“监管”。在学术界，国内学者翻译国外论著以及自己撰写论著时，同时使用“管制”或“规制”，两者不存在实质性的区别；而实际生活中广泛使用的“监管”则可分为狭义监管与广义监管，其中，狭义监管的概念和范围基本等同于“管制”，而广义监管通常被理解和分拆为“监督与管理”。因此，政府机关的所有行政监督与管理行为都被泛称为监管，我们认为，被泛化的广义监管是对管制的误解，这是因为，管制不同于一般的行政管理。首先，从对象上看，行政管理发生在政府部门内部，其管理对象主要是政府部门的下级（下属）单位；而管制的对象则是独立的市场主体（企业和个人）。其次，从主体与客体的相互关系看，行政管理是政府部门与政府部门的关系，主体和客体之间往往是上下级关系，并不是完全独立的；而管制实际上是政府与市场主体（企业和个人）的关系，其主体与客体之间是完全独立的。最后，从手段上看，行政管理可以依靠（主观的）行政命令来直接控制下级（下属）单位；而管制主要依靠（客观的）法律来规范和约束经济上、法律上独立的市场主体。

　　尽管不少国内外学者对管制有不同的定义，但不难发现管制至少具有这样几个构成要素：①管制的主体（管制者）是政府行政机关（简称政府），通过立法或其他形式对管制者授予管制权。②管制的客体（被管制者）是各种经济主体（主要是企业）。③管制的主要依据和手段是各种法规（或制度），明确规定限制被管制者的什么决策、如何限制以及被管制者违反法规将受到的制裁。根据这三个基本要素，管制可定义为，具有法律地位的、相对独立的管制者（机构），依照一定的法规对被管制者（主要是企业）所采取的一系列行政管理与监督行为。由于管制的主体是政府，所以管制也被称为政府管制。

　　管制经济学是一门新兴学科。虽然在 20 世纪 70 年代以前，经济发达国家的许多学者就发表了不少有关价格管制、投资管制、进入管制、食品与药品管制、反托拉斯管制等方面的论著，但这些论著各自在较小的领域就特定的对象进行研究，缺乏相互联系；而且，运用经济学原理研究政府管制的论著更是少见。到了20世纪70年代，一些学者开始重视从经济学角度研究政府管制问题，并试图将已有的研究成果加以系统化，从而初步产生了管制经济学。其中，美国经济学家施蒂格勒发表的《经济管制论》等经典论文对管制经济学的形成产生了特别重要的影响。20世纪80年代以来，美国、英国和日本等经济发达国家对一些垄断产业的政府管制体制进行了重大改革，并加强了对环境保护、产品质量与安全、卫生健康方面的管制。这些都为管制经济学的研究提供了丰富的实证资料，从而推动了管制经济学的发展。

政府管制的研究内容比较广泛，但大致可以归纳为经济性管制、社会性管制和反垄断管制三大领域。其中，经济性管制领域主要包括那些存在自然垄断和信息严重不对称的产业，其典型产业包括有线通信、电力、铁路运输、城市自来水和污水处理、管道燃气、金融等产业。社会性管制的内容非常丰富，通常可以把社会性管制分为卫生健康、安全和环境保护三个方面，因此又可以把社会性管制简称为 HSE 管制（Health，Safety and Environmental Regulation）。反垄断管制是一个相对独立的研究领域，其主要研究对象是竞争性领域中具有市场垄断势力企业的各种限制竞争行为，主要包括合谋、并购和滥用支配地位行为。

管制经济学是以经济学原理研究政府管制科学性的一门应用性、边缘性学科。从管制经济学产生和发展的过程看，它是因实践的需要而产生与发展的，其理论研究紧密结合经济实际，为政府制定与实施管制政策提供了理论依据和实证资料，其研究带有明显的政策导向性，显示出应用性学科的性质。同时，管制经济学涉及经济、政治、法律、行政管理等方面的内容，这又决定了管制经济学是一门边缘性学科。

经济学是管制经济学的基础性学科。这是因为，管制经济学不仅要研究政府管制本身的需求与供给，包括需求强度和供给能力，而且要分析政府管制的成本与收益，通过成本与收益的比较，确定某一政府管制的必要性。同时，管制政策的制定与实施也要以经济学原理为依据，如经济性管制的核心内容是进入管制与价格管制。进入管制政策的制定与实施要以规模经济、范围经济、垄断与竞争等经济理论为重要依据，以在特定产业或领域形成规模经济与竞争活力相兼容的有效竞争格局，而价格管制政策的制定则以成本与收益、需求与供给等经济理论为主要依据。对每一项社会性管制活动都要运用经济学原理进行成本与收益分析，论证管制活动的可行性和经济合理性。

行政管理学与管制经济学具有直接的联系。因为管制的基本手段是行政手段，管制者可以依法强制被管制者执行有关法规，对其实行行政监督。但是，任何管制活动都必须按照法定的行政程序进行，以避免管制活动的随意性。这就决定了管制经济学需要运用行政管理学的基本理论与方法，来提高管制的科学性与管制效率。

政治学是与管制经济学密切相关的一门学科，从某种意义上讲，管制行为本身就是一种政治行为，任何一项管制政策的制定与实施都体现着各级政府的政治倾向，在相当程度上包含着政治因素。事实上，管制一直是发达国家政治学研究的一个重要内容，管制是与政治家寻求政治目的有关的政治过程。

法学与管制经济学也紧密相关。这是因为，管制者必须有一定的法律授权，取得法律地位，由法律明确其权力和职责；同时，管制的基本依据是有关法律规定和行政程序，管制机构的行为应受到法律监督和司法控制。这就使管制经济学与法学存在必然联系。

管理学与管制经济学也有较大的联系。管制者与被管制者之间通常存在着较为严重的信息不对称性，管制者如何引导被管制者尽可能地采取有利于社会公众利益的行为，这是一个复杂的多重博弈过程，要求管制者必须掌握管理学知识，具有较强的管理能力。

管制经济学的这种边缘性学科性质，需要学者进行跨学科的协同研究。事实上，发达国家就是从多学科的角度对政府管制进行多维度研究的，并强调跨学科研究。

中国对管制经济学的研究起步较晚，据我们所掌握的资料，中国最早出版的管制经济著作是施蒂格勒的《产业组织和政府管制》（潘振民译，上海三联书店1989年版），在这部文集中，有4篇是政府管制方面的论文。随后，我国出版了日本学者植草益的《微观规制经济学》（朱绍文、胡欣欣等译，中国发展出版社1992年版），这是中国第一本专门讨论管制经济的专著，在中国有很大的影响力。20世纪90年代以来，国内学者在借鉴国外管制经济学理论的基础上，结合中国实际，出版了许多论著。为管制经济学在中国的形成与发展奠定了基础。但从总体上说，中国对管制经济学的研究还处于起步阶段，在许多方面需要结合中国实际进行深入研究。

在计划经济体制下，中国不存在现代管制经济学所讲的管制问题，不能把计划理解为管制，不能把计划经济体制理解为传统管制体制。因为市场是对计划的替代，而管制是对市场失灵的校正和补充。管制是由法律授权的管制主体依据一定的法规对被管制对象所实施的特殊行政管理与监督行为。管制不同于一般的行政管理，更不同于计划。否则就没有必要讨论管制经济学在中国的发展，就没有必要讨论如何通过改革建立高效率的管制体制问题。从国际经验看，就垄断性产业而言，美国等少数发达国家主要以民营企业为经营主体，与此相适应，这些国家较早在垄断性产业建立现代管制体制。而英国、日本和多数欧洲国家则曾对垄断性产业长期实行国有企业垄断经营的体制，只是在 20 世纪 80 年代才开始对垄断性产业实行以促进竞争和民营化为主要内容的重大改革，并在改革过程中，逐步建立了现代管制体制。

中国作为一个从计划经济体制向市场经济体制过渡的转型国家，政府管制是在建立与完善社会主义市场经济体制过程中不断加强的一项政府职能。传统经济理论认为，自然垄断产业、公用事业等基础产业是市场失灵的领域，市场竞争机制不能发挥作用，主张直接由国有企业实行垄断经营，以解决市场失灵问题。长期以来，在实践中中国对这些基础产业实行政府直接经营的管理体制。但是，新的经济理论与实践证明，国有企业垄断经营必然导致低效率，因此强调在这些产业发挥竞争机制的积极作用。20 世纪 90 年代以来，中国像世界上许多国家一样，对这些产业逐步实行两大改革：一是引进并强化竞争机制，实现有效竞争；二是积极推行民营化，一定数量的民营企业成为这些产业的经营主体，并在这些产业形成混合所有制的经营主体，以适应市场经济体制的需要。这样，政府就不能用过去管理垄断性国有企业的方式去管理具有一定竞争性的混合所有制企业或民营企业，而是必须转变政府职能，建立新的政府管制体制，以便对这些产业实行有效管制。同时，在经济发展的基础上，中国日益强调对环境保护、卫生健康和工作场所安全等方面的管制。这些都使政府管制职能表现出不断强化的趋势。

为适应不断完善社会主义市场经济体制的需要，中共十六大明确提出政府的四大基本职能是经济调节、市场监管、社会管理和公共服务，首次把市场监管（政府管制）作为一项重要的政府职能。中共十八大进一步强调市场监管问题，在深化改革过程中，一方面要大大缩小政府行政审批的范围，另一方面要加强市场经济体制所必需的政府监管（管制）职能。中共十九大及其三中全会更是对完善市场监管体制、健全金融监管体系，创新监管方式，新设国有自然资源资产管理和自然生态监管机构、完善生态环境管理制度，统一行使监管城乡各类污染排放和行政执法职责等方面提出了更高的要求。在简政放权、放管结合、强化事中事后监管等一系列政府行政体制改革中，如何加强政府有效监管已成为一项重要的改革内容。

浙江财经大学是国内较早地系统研究政府管制经济学的高等学校，在政府管制领域承担了国家社会科学基金和国家自然科学基金重大项目、重点项目和一般项目 30 多项、国家科技重大专项子课题 3 项、省部级研究项目 80 多项，在政府管制领域已出版了 50 多部学术著作，在《经济研究》等杂志上发表了一批高质量的学术论文，其中，一些成果获得了"孙冶方经济科学著作奖""薛暮桥价格研究奖""高等学校科学研究优秀成果奖"（人文社会科学）等。特别是近年来，有 30 多个有关政府监管的咨询报告获得了国家级和省部级领导批示，其中国家级领导批示的有 10 多项。学校已形成了一个结构合理、综合素质较高、研究能力较强的研究团队。为适应政府管制经济学研究的需要，更好地为政府制定与实施管制政策服务，学校成立了跨学科的浙江财经学院中国政府管制研究院，其中包括政府管制与公共政策研究中心（浙江省社会科学重点研究基地）、管制理论与政策研究创新团队（浙江省重点创新团队）、城市公用事业政府监管协同创新中心（浙江省"2011"协同创新中心）、公用事业管制政策研究所（学校与住房和城乡建设部合作研究机构）等研究平台。中国政府管制研究院的主要研究方向包括：政府管制基础理论研究、城市公用事业政府管制理论与政策研究、垄断性行业管制理论与政策研究、能源管制理论与政策研究、环境管制理论与政策研究、食品与药品安全管制理论与政策研究、反垄断管制理论与政策研究、金融风险监管理论与政策研究、政府管制绩效评价理论与政策研究等。为系统出版学校教师在政府管制领域的学术著作，反映学科前沿研究成果，我们将持续出版《政府管制研究系列文库》，这也是我们对外开展学术交流的窗口和平台。欢迎专家学者和广大读者对文库中的学术著作给予批评指正。

孙冶方经济科学著作奖获得者
中国工业经济学会副会长、产业监管专业委员会主任委员
浙江财经大学中国政府管制（监管）研究院院长
王俊豪
2018 年 6 月于杭州

前　言

　　食品安全关乎民生，是保证人类生命健康和生活质量的基础。通过食品安全监管保证食品的质量安全不仅是一个技术问题，同时更是重要的经济、社会课题。随着农业生产能力、经济水平的不断提高，粮食安全也即食品量的安全已不再是大多数国家对于食品所关心的唯一问题，以食品质量安全程度为内涵的食品安全问题越来越得到政府决策者和社会公众的重视。近年来，我国食品安全事故频繁发生，食品安全问题甚至造成了严重的经济和社会后果，制约了经济社会的可持续发展。加强食品安全监管，改善食品安全现状，控制食品安全事故发生成为消费者的迫切需求和政府关注的工作重点。党的十八届三中全会《中共中央关于全面深化改革重大问题的决定》明确指出，"完善统一权威的食品药品安全监管机构，建立最严格的覆盖全过程的监管制度，建立食品原产地可追溯制度和质量标识制度，保障食品药品安全"。党的十九大报告更提出："实施食品安全战略，让人民吃得放心。"将食品安全上升至国家战略层面。

　　食品安全问题主要来自于信息不对称的市场失灵。食品本身的经验品和信任品属性导致消费者在购买前无法获知其质量属性，甚至在购买后仍对食品的营养成分和安全程度等信息难以确定，而且很多食源性疾病为慢性疾病，即使食用后对健康产生负面影响，也无法将影响完全归因于消费了该食品。食品的信任品属性是食品买卖中存在信息不对称的根源。由于生产加工企业和销售者相对于消费者而言对于食品安全属性拥有绝对的信息优势，因而能够以次充好，通过销售假冒伪劣和不安全食品降低成本，同时威胁消费者的健康和生命安全。由此也说明了政府对食品安全问题进行干预，对企业行为进行监督规范，强制其揭示食品相关信息、通过质量安全认证体系，并对企业违法行为予以惩处的必要性。

　　然而食品安全监管本身也存在各种问题，主要表现为政府失灵。大部制改革之前，国内学界的一个共识是，我国一直以来所形成的食品安全监管体制存在多部门共同监管、权责交叉重叠的"多头管理"问题。解决我国食品安全监管体制中所存在的诸多问题，成为提高食品安全监管水平的重要一环。事实上，我国的食品安全监管体制一直处于不断发展和完善的过程当中，我国食品安全监管改革经历了以国家卫生部门为主导的食品安全监管体制到多部门分环节监管再到综合统筹监管的各个阶段，在"大部制"改革的背景下监管机构不断整合。2018年，新组建的国家市场监督管理总局进一步整合了以往分散于国家食药监总局、卫生、农业、质检、工商等各部门的食品安全监管职能和机构，使监管主体进一步集中。

大部制改革的成效将在未来较长的一段时间内逐步显现。由于食品市场存在的严重信息不对称问题未能得到有效解决，故而尽管政府不断加强食品安全监管力度，食品安全事故仍层出不穷。就目前而言，通过对我国食品安全监管效果评价发现监管中存在的不足和问题，从监管体制角度提出改善监管效果的路径，并论证食品安全监管领域大部制改革的正确性和进一步改革的方向，进而提出包括企业、消费者、社会组织在内的多元主体共同参与食品安全治理，以此作为一种制度补充和保障，仍具有重要的现实意义。

因此本书从我国食品安全监管体制改革过程入手，探究食品安全监管体制存在的问题，并对我国食品安全现状进行分析和评价。通过描述统计以及构建总体指标指出我国食品安全监管近年来呈现整体加强的趋势。

本书分别从企业和消费者角度对我国食品安全监管的效果进行评价。基于数据包络分析（DEA）的方法，从企业角度评价我国食品安全监管投入产出效率，发现以投入产出效率衡量的我国食品安全监管效果并不理想。在消费者角度的监管效果评价方面，首先以消费者营养健康状况受食品安全监管的影响作为食品安全监管的间接效果，采用中国营养健康调查数据（CHNS），运用倍差法（DID）结合倾向得分匹配法（PSM）分析食品安全监管对于消费者食品消费量、营养健康水平的影响。研究结果显示，尽管食品安全监管有助于恢复食品安全事故后消费者的信心，改善消费者营养和健康状况，但这种促进作用并不显著。此外，也通过城乡居民的食品安全满意度调查探索城乡消费者对于目前食品安全程度的认知与评价，以此来间接反映食品安全监管的成效。

实证分析的结果表明，我国目前的食品安全监管虽然在不断增强，但其效果并不明显。本书认为，导致这一现象的一个内在原因是，食品安全监管体制本身的复杂性，尤其是食品安全监管主体的权力配置问题。由于食品行业的监管本身面临多重委托—代理问题，存在着包括政府（监管机构）、企业、立法机构（代表消费者利益和社会福利）在内的多重委托—代理关系，监管环节中存在着道德风险，委托—代理链条冗长影响监管效率，同时作为这一委托—代理链条中间环节的监管机构，是整个食品安全监管当中的关键，其权力配置的方式也直接影响着最终的监管效果。基于我国食品安全监管的体制特征，本书分别讨论了监管机构作为委托人和代理人的情况。在监管机构作为代理人的情况下，笔者通过构建多任务委托—代理模型，讨论食品安全监管体制进行大部制改革的必要性，发现走机构整合的"大部制"改革路线是我国食品安全监管体制改革的更优选择。而在监管机构作为委托人的模型中，笔者则通过构建一个多委托人代理模型可能存在规制俘获问题展开分析，提出进一步改革的方向。

食品安全监管同时涉及政府监管机构、企业以及消费者在内的多方利益相关者，监管者行为并非是决定监管效果的唯一因素。本书通过构建食品生产加工企业、消费者及政府监管机构之间的多个博弈模型，分析各利益相关主体的行为、最优策略选择以及其影响因素，发现加强政府监督控制力度、强化企业社会责任、充分发挥消费者和社会组织的监督作用的重要性。

有关监管体制及监管存在诸多问题的阐释需要归结到具体的监管政策实践中，结合前文的实证检验与理论分析，笔者对食品安全可追溯体系及食品召回机制两项具体食品安全监管政策工具的作用机制及政策效果进行了分析，并在最终提出将政府单一主体的食品安全监管扩展为多元主体共同主导的食品安全治理。本书指出在多元化的社会发展格局中，我国传统的以政府为单一治理主体的食品安全监管治理结构面临着诸多困境，已不能满足现代社会对食品安全治理的需求。最终提出通过构建监管者主导、企业自律、消费者参与、社会协同（包括行业协会、新闻媒体等）的食品安全合作治理框架，作为食品安全监管效果提升的最终制度保障。

目 录

上篇　食品安全监管现状、监管绩效及存在的问题

中篇　我国食品安全监管体制改革

上篇　食品安全监管现状、监管绩效及存在的问题

第一章 绪 论

第一节 研究的背景及意义

随着经济社会的发展以及人民生活水平不断提高，代表食品"质的安全"的食品安全问题逐渐取代代表食品"量的安全"的粮食安全问题，成为人们日益关注的焦点。近年来，我国食品安全事故频发，不安全食品的名单几乎涵盖所有种类的食品，食品安全已成为一个重要的社会公共问题。从"苏丹红"工业添加剂事件、阜阳奶粉事件、龙口粉丝事件，到近年发生的三鹿奶粉事件、农夫山泉"砒霜门"事件、双汇"瘦肉精"事件等，食品安全问题不仅危及消费者生命健康，更造成了严重的经济和社会后果，甚至成为经济社会可持续发展的制约因素。根据中国食品安全资源数据库、国家食品安全信息中心和其他媒体的综合统计，2001~2010年，全国范围内有记录的食品安全事件共1460起（刘畅、张浩、安玉发，2011）。表1-1中报告了所有1460起食品安全事件的统计数据来源。

表1-1 2001~2010年我国食品安全事件起数

数据来源	食品安全事件的时间跨度	食品安全事件（起）
中国食品安全资源数据库	2004年6月至2007年12月	92
国家食品安全信息中心	2006年3月至2010年1月	1291
其他媒体	2001年1月至2008年12月	77
合计	2001年1月至2010年1月	1460

资料来源：刘畅，张浩，安玉发．中国食品质量安全薄弱环节、本质原因及关键控制点研究——基于1460个食品质量安全事件的实证分析 [J]．农业经济问题，2011（1）：24-31.

日益严重的食品安全问题引起社会各界的广泛关注，加强食品安全监管，改善食品安全现状，控制食品安全事故发生成为消费者的迫切需求和我国政府的工作重点之一。党的十八届三中全会《中共中央关于全面深化改革若干重大问题的决定》明确指出，"完善统一权威的食品药品安全监管机构，建立最严格的覆盖全过程的监管制度，建立食品原产地可追溯制度和质量标识制度，保障食品药品安全"。党的十九大报告亦提出"实施食品安全战略，让人民吃得放心"。

从经济学视角来看，食品安全问题来自食品市场当中的信息不对称，而食品的经验品和信任品属性正是食品买卖中存在信息不对称的根源。食品本身的经验品和信任品属性导致消费者在购买前，甚至购买后仍对食品的营养成分和安全程度等信息难以确定，即使食用后对健康产生负面影响，也无法完全归因于消费了该食品。由于食品生产加工企业相对于消费者而言，对于食品安全属性拥有绝对的信息优势，因而能够通过销售假冒伪劣和不安全食品降低成本，同时威胁消费者的健康和生命安全。食品市场中存在的信息不对称是政府对食品安全问题进行干预和监管的内在动因。

然而，食品安全监管当中也存在政府失灵现象，一方面，由于食品供应链过长，覆盖生产、加工、流通、消费多环节，其复杂性造成了问题多发，并提高了监管的难度；另一方面，食品安全监管中也同时存在权责交叉、监管越位缺位、单一监管主体行为低效等监管体制问题。相应地，解决食品安全问题也大致遵循以下两个思路：一是基于食品供应链控制的视角，从食品安全全过程的具体环节出发，改进食品安全的风险控制技术；二是基于政府监管者的视角，从信息不对称这一问题根源出发，探讨如何通过改革现有监管体制来丰富监管手段。

本书以食品市场当中存在的信息不对称出发，提出政府对食品安全问题进行干预有其必要性，基于对食品安全监管领域政府失灵现象——食品安全监管效果不明显的判断和分析，指出从监管体制改革角度改善食品安全监管效果，同时指出在食品安全监管中被监管企业、消费者以及社会组织同样发挥重要作用，因而建立多元主体的合作治理框架将是改善监管效果的有效制度保障。

第二节　基本概念界定

一、食品与食品安全

（一）食品

食品的概念从广义上讲，是指以原始状态或经加工后可供人类食用的以各种形态存在的物品。根据 1995 年 10 月 30 日起实施的《中华人民共和国食品卫生法》（以下简称《食品卫生法》）第九章《附则》第五十四条，食品的定义是"各种供人食用或者饮用的成品和原料以及按照传统既是食品又是药品的物品，但是不包括以治疗为目的的物品"。国家标准《GB/T15091—1994 食品工业基本术语》中又将"一般食品"定义为"可供人类食用或饮用的物质，包括加工食品、半成品和未加工食品，不包括烟草或只作药品用的物质"。2009 年的《中华人民共和国食品安全法》（以下简称《食品安全法》）第十章《附则》第九十九条对"食品"的定义与以上两者基本保持一致。2015 年新修订的《食品安全法》又对食品的定义进行了修改："指各种供人食用或者饮用的成品和原料以及按照传统既是食品又是中药材的物品，但是不包括以治疗为目的的物品。"以上有关食品的定义均重点强调了食品的食用性及与一般意义上药品的区别，主要是从方便监管的角度加以界定。对经济学研究而言，食品与药品均具有信任品属性，因此并不在定义上强调食品与一般药品的区别。

关于食品的分类，根据《GB/T 7635.1—2002 全国主要产品分类和代码》，食品可以划分为农林（牧）渔业产品，加工食品、饮料和烟草。其中，农林（牧）渔业产品又分为种植业产品、活的动物和动物产品、鱼和其他渔业产品；加工食品、饮料和烟草分为肉类、水产品、蔬菜、水果、油脂类加工品、乳制品、谷物制品、淀粉和淀粉制品、豆制品、其他食品和食品添加剂、加工饲料和饲料添加剂等。以上分类方式基本符合国际贸易中 HS 代码对于食品类产品的分类，通常食品包括农产品等初级产品和加工制成品，烟草由于其特性通常在学术研究中不列入食品范围内。

（二）农产品与食品

根据《中华人民共和国农产品质量安全法》（以下简称《农产品质量安全法》）农产品被定义为："来源于农业的初级产品，即在农业中获得的植物、动物、微生物及其产品。"不同的标准下农产品的划分有所区别，按照国家统计局的划分方法，食品加工业被包括在农产品加工业当中。然而农产品与食品之间并非简单的包含关系，若将农产品划分为食用农产品与非食用农产品，则仅有食用农产品包含在食品的范畴当中。二者的另外一个联系在于食品的生产流程，农产品被认为是食品加工的上游环节，食品的加工制造是农业初级产品的延伸。需要说明的是，经济学理论研究当中，往往抽象掉整个供应链的生产加工流程，此时农产品与食品可以不做严格区分。

（三）食品安全

食品安全的定义不同一般意义上的食物安全或粮食安全，食物安全或粮食安全（food security）这一概念侧重于一个国家、区域内是否有充足的食物供应，也即食品量的安全。而食品安全（food safety）则强调食品本身不能因有毒、有害物质等因素对消费者的生命健康造成不良影响，也即食品质的安全。《食品安全法》中食品安全的定义为："指食品无毒、无害，符合应当有的营养要求，对人体健康不造成任何急性、亚急性或者慢性危害。"

在《食品安全法》颁布之前，卫生部作为我国食品安全监管的核心机构，食品卫生是当时更为常用的概念。根据国家标准《GB/T 15091—1994 食品工业基本术语》，食品卫生被定义为，"为防止食品在生产、收获、加工、运输、贮藏、销售等环节被有害物质污染，使食品有益于人体健康所采取的各项措施"。由此可以看出，食品安全与食品卫生的概念大体一致，但侧重不同，食品卫生更侧重于过程的安全卫生，食品安全则是过程与结果的统一。

实际上，食品安全是一个综合的概念，不仅包括食品卫生和食品质量，同时也涉及食品营养；同时，食品安全也涵盖和涉及了食品生产、加工、流通和消费各个环节的安全；此外食品安全也是一个社会治理概念，与一个时期内一个国家或地区所面临的突出问题息息相关（徐丽清、孟菲，2011）。

（四）食品安全风险

根据国际粮农组织（Food and Agriculture Organization，FAO）和世界卫生组织（World Health Organization，WHO）的会议协定，以及国际法典委员会（Codex Alimentarius Commission，CAC）对食品安全风险的定义，食品安全风险主要是指人体健康或环境产生不良效果的可能性与严重性。食品安全风险中包含所有潜在的可能危及食品安全的各种物理性、化学性和生物性危害。

二、食品安全监管、食品安全监管体制与食品安全治理

一般而言，规制与管制在使用中可以直接互换，具有相同内涵的定义。根据丹尼斯·史普博（2008）对管制一词的定义，管制是由行政机构制定并执行的直接干预市场配置机制或间接改变企业和消费者供需政策的一般规则或特殊行为。张红凤（2005）根据史普博对管制的定义，将规制的内涵进一步归纳为，政府（规制机构）利用国家强制权力对微观经济主体进行直接的经济、社会控制或干预。政府规制同时包含经济性规制与社会性规制的内涵。史普博对于管制的定义在其特有的研究背景下，侧重于对垄断行业的管制也即我们所称为的"经济性规制"，而食品安全规制则属于"社会性规制"的一种，但其定义中行政机构针对企业和消费者行为所制定的一般规则和特殊行为这一含义，仍可作为对规制理解的一个重要参考。

监管的本义为监督管理，一般被视为是一种政府行为。在不限定语境的前提下，监管在英文中多译为 supervise，与规制和管制的英文 regulation 并不完全相

同。但近年来国内学术界已多将监管与规制二者等同起来，尤其是在社会性规制领域，以强调政府干预的必要性及政府在其中的核心角色。在食品安全领域，食品安全监管的概念等同于食品安全规制已经得到普遍认可。因此，本书中采用了食品安全监管的说法，以强调食品安全监管这一典型社会性规制领域中政府的关键作用。

基于政府规制的内涵，食品安全监管可定义为政府或公共部门以确保食品处于质量合格的安全状态和消费者生命健康为目的，依照法律规定和授权，通过制定规章制度、设定行业准入等行政审批制度、制定食品安全标准等一系列手段，对初级农产品生产以及食品的生产、加工、流通和消费等环节的企业行为进行控制。

食品安全监管体制则是指，为确保食品安全监管行为有效执行所确立的有关食品安全监管主体的机构设置、权力配置、职能归属、运行规则和法律保障等一系列制度基础的总和。本书的一个研究重点是食品安全监管主体的权力配置、职能分配以及机构设置等监管体制问题，因而食品安全监管体制同样是一个重要的概念。

与食品安全监管相关的另一个概念是食品安全治理，食品安全治理强调主体的多元性，是指通过企业、行业协会、消费者以及政府监管机构之间的合作与良性互动，确保食品消费者获得安全食品的制度安排，以及有效解决食品安全问题所采取的各种手段和行动方式的总和。在食品安全治理中，各主体都可能成为治理的中心，但不同主体可能存在不同的甚至是相互冲突的利益诉求，因而需要强调多元主体之间的合作、协同与互动。两者有所不同的是，食品安全监管更多强调的是政府监管机构在食品安全领域的责任，而食品安全治理则强调政府与市场、社会组织之间的合作，以及不同利益主体通过相互合作、协商共同发挥作用。区别食品安全监管与食品安全治理的概念将有助于笔者在后面的章节中进一步深入展开有关改善我国食品安全监管效果的研究。

三、监管影响评价与监管效果评价

监管影响评价（Regulatory Impact Assessment，RIA）这一概念最早是西方国家用以减少监管失灵情况的工具。监管影响评价侧重于对监管绩效的评价，是对现行监管的实际影响进行的一种系统估计，同时包含对监管方案可能带来的成本及收益所进行的分析。目前在我国并没有形成食品安全监管影响评价的基本框架，加之缺乏充足的研究数据以支持全面、系统的监管影响评价，因此本书中所涉及监管效果评价是以监管目标的实现为衡量标准的广义效果评价，同时包含以最小的成本实现监管目标和监管目标是否实现两个层次的含义。前者可以界定为监管效率评价，后者则可以定义为狭义的监管效果评价。

第三节　研究方法及研究思路

本书的研究从我国食品安全监管体制改革过程入手，探究食品安全监管体制存在的问题；并从企业和消费者两个角度对食品安全监管效果进行实证分析，指出在我国食品安全监管总体加强的趋势下，监管效果并不理想的一个主要原因源自于监管体制本身。在此基础上，通过构建委托—代理模型，探讨我国食品安全监管体制的改革方向；并通过构建政府监管机构、企业与消费者之间的博弈模型发现加强政府监督控制力度、强化企业社会责任、充分发挥消费者和社会组织的监督作用的重要性。最后提出通过构建监管者主导、企业自律、消费者参与、社会协同的食品安全监管合作治理框架，提升食品安全监管效果的最终制度保障。

第四节　研究的主要内容及框架

本书主要包括三篇，分别为食品安全监管现状、监管绩效及存在的问题，我国食品安全监管体制改革，我国食品安全监管实践与政策工具。具体包括以下章节：

第一章为绪论部分，主要包括研究的背景及意义、基本概念界定、研究方法及研究思路、主要内容及框架。

第二章为国内外研究现状部分，分别从国外和国内两个方面，对已有的关于食品安全监管方面的相关文献进行了系统梳理和评价。

第三章在回顾我国食品安全监管体制改革变迁历程的基础上，分析我国食品安全监管体制所存在的各种问题，并对我国食品安全现状进行了分析和评价。通过描述统计以及构建总体指标指出我国食品安全监管近年来呈现整体加强的趋势。

第四章分别从企业和消费者角度对我国食品安全监管的效果进行评价。前者基于数据包络分析的方法，从企业角度评价我国食品安全监管投入产出效率，同样得出食品安全监管效果有待提升的结论。后者以消费者营养健康状况受食品安全监管的影响，作为食品安全监管的间接效果，采用中国营养健康调查数据，运用倍差法和倾向得分匹配法分析食品安全监管对于消费者食品消费量、营养健康水平的影响，并对我国城乡居民食品安全现状的满意程度进行了调查和实证分析。

第五章对我国食品安全监管体制改革的历程做一梳理，具体划分为中央层级的食品安全监管体制改革与地方食品安全监管体制改革，并对我国食品安全监管制度体系的另一要素——法律体系建设进行整理和概述。

第六章基于我国食品安全监管体制分析与设计，构造委托—代理模型，分别讨论监管机构作为委托人和代理人的情况，发现机构整合的"大部制"改革路线是我国食品安全监管体制改革的更优选择。

第七章通过构建食品生产加工企业、消费者及政府监管机构之间的多个博弈模型，分析各利益相关主体的行为、最优策略选择以及其影响因素，发现加强政府监督控制力度、强化企业社会责任、充分发挥消费者和社会组织的监督作用的重要性。

第八章针对典型的食品安全监管政策工具——可追溯体系与追责机制，通过构建一个包括消费者与上下游企业的食品供应链模型，研究了向违法企业进行追责的事后监管与可追溯体系相互配合的复合作用机制，同时通过基于代理的仿真模拟（ABM）对理论模型进行实证验证。

第九章针对食品安全监管的另一典型政策工具——食品召回机制，以我国2007~2017年以来食品药品类上市公司召回事件为研究对象，采用事件研究法估计食品药品召回对上市公司的影响，并进一步对累计超额收益率的影响因素进行分析。

第十章基于前文的分析，提出将政府单一主体的食品安全监管扩展为多元主体共同主导的食品安全治理。指出在多元化的社会发展格局中，我国传统的以政府为单一治理主体的食品安全治理结构面临着诸多困境，已不能满足现代社会对食品安全治理的需求。最终提出通过构建监管者主导、企业自律、消费者参与、社会协同（包括行业协会、新闻媒体等）的食品安全合作治理框架，作为食品安全监管效果提升的最终制度保障。

第二章 国内外研究现状

第一节 国外研究现状

随着农业生产能力、经济水平的不断提高，能够供给充足食品以保证粮食安全已不再是大多数国家有关食品所考量的唯一问题，以食品本身的质量安全程度为内涵的食品安全问题越来越得到政府和决策者的重视。而随着食品生产加工技术的不断进步，食品消费品具有越来越多的可选择性，食品安全问题却日益突出。更多的学者开始将关注点转向食品安全问题，从而赋予了食品安全相关研究更加丰富的内涵，食品安全问题不再只是单纯有关检验、监测的技术性问题，同时也成为涉及成本、收益以及信息不对称的经济性问题。经济管理领域的学者有关食品安全方面的研究主要围绕以下几个方面：为何要进行食品安全监管或食品安全监管是否有必要，应该如何进行食品安全监管（具体包括食品安全监管的手段和方式有哪些，如何有效解决信息不对称问题），如何检验食品安全监管效果和效率，以及如何针对食品安全监管过程中所涉及的各方主体设计一种科学有效的监管体制和治理机制。

一、食品安全监管的原因和必要性

关于为何要进行食品安全监管的问题首先要追溯到食品的特殊属性。Hooker 和 Caswell（1996）在 Lancaster（1966）有关产品质量属性论述的基础上提出了食品所具有的各种质量属性。如表 2 - 1 所示可以看出，食品本身所具有的属性诸如安全性质、营养属性几乎都无法于交易前获得充分信息。Caswell（1996）在划分搜寻品属性（search attributes）、经验品属性（experience attributes）和信任品属性（credence attributes）的前提下，指出食品本身具有经验品和信任品属性，而信任品属性难以通过市场机制以及声誉作为一种监督机制，因而需要政府通过强制使用标签等方式来推动企业提供有关产品属性的信息。由此可见，信息不对称是需要对食品安全问题进行监管的根本原因之一。

表 2-1　食品的各类属性特征

食品产品
1. 食品安全性质
食源性疾病病菌
重金属
杀虫剂残留
食品添加剂
天然毒性
兽药残留
2. 营养属性
能量（卡）
脂肪和胆固醇
蛋白质
维生素
矿物质
钠元素
钙质和纤维
3. 价值属性
纯净度
成分完整性
尺寸
外观
口味
易于处理准备
4. 包装属性
包装材料
标签
包装提供的其他信息

Henson 和 Traill（1993）讨论了有关危险（hazard）和风险（risk）的区别，前者是指病害的严重性，而后者则对应导致疾病的可能性。Henson 和 Traill 基于

风险和需求理论指出食品安全政府干预的必要性，并提出可能导致食品风险的七个因素。他们认为，市场失灵是政府干预并进行食品安全监管的内在原因，而食品安全领域的市场失灵主要包括：信息不对称（分别来自食品本身的信息属性——经验品和信任品特征、公共信息不足、供给方的信息优势，信息不对称使消费者无法对食品的风险做出正确的判断，从而影响对食品安全的需求，导致食品安全供给的过剩或无效率），衡量风险时对风险认知的不一致，市场价格无法充分反映食品安全水平变动的社会成本和收益（由于食品安全具有一定的公共物品性质所导致的外部性问题），食品安全水平提高所导致的在不同收入群体的成本收益分配问题等。这些市场问题进一步导致食品安全的供给和需求无法达到一个社会最优水平，因而需要政府干预进行食品安全监管。

此外，食品安全监管同时也与外部性问题密切相关，由于食品行业本身带有强烈的外部性，严重的食品安全问题会带来恶劣的社会影响甚至威胁到国民经济的发展，Sumner（2004）研究了沙门氏菌流行对澳大利亚经济的影响，并对政府与企业合作监管后沙门氏菌流行率的下降程度进行检验。

尽管多数学者认为市场失灵是进行食品安全监管的内在动因，Antle（1996）却指出，市场失灵这一理论角度不能完全作为支持食品安全监管的理论基础，同时还需要基于成本—收益分析的实证支持，而成本—收益分析同时也是衡量究竟应采用何种监管方式的重要参考依据。

二、关于食品安全监管手段的研究

遵循西方规制经济学发展的一般逻辑，关注了"为何进行规制"之后，西方学者对"如何进行规制"这一主题进行了研究。食品安全监管的具体方式和手段有多种，通过信息补救更正食品安全供给信息的不完全性、设定过程标准（如 HACCP）、设定产品效果标准（如最大农药残留）、征税或者补贴等均为常用的食品安全监管手段。

有关具体食品安全监管手段的研究是 20 世纪末国外学者的一个主要研究方向，危害分析与关键控制点（HACCP）是其中的一个热点。Unnevehr（1996）提出了 HACCP 的七个原则，指出 HACCP 本质上是一种基于强制性过程标准的命令与控制型干预手段。

Henson 和 Caswell（1999）提出对食品安全监管手段进行基本的划分，这种从公共和私人视角对食品安全监管手段进行区分的方式也对今后学者的研究产生了深远影响，可以看作食品安全领域合作监管与自我规制思想的先导，具体如表 2-2 所示。

表2－2　食品监管手段划分

公共手段		私人手段	
直接监管	产品问责	自我规制	认证手段

另外，食品安全监管还可以大致划分为事前监管（以设定标准为主要表现）和事后监管（主要是问责和惩罚机制）。食品安全监管实践起始于事后问责和惩罚机制，但逐渐转为更加高效并能够控制预期风险的事前监管。根据政府对食品安全问题的干预程度，可以将事前的食品安全监管进一步划分为如表2－3所示的几类。

表2－3　食品安全事前监管的分类

政府对食品安全监管干预程度				
低　　　　　　　　　　　　　　　　　　　高				
依靠信息	安全监管标准			预先核准
	目标标准	效果标准	专门化标准	

政府对食品安全监管干预程度最低的形式为通过产品标签传递有关食品的相关信息，常用的事前干预是制定食品安全标准，其中目标标准仅强调达到一定的最终标准而对过程没有要求，是一种最为宽松的监管标准，效果标准要求对食品设定一系列的专业规则和限度，专门化标准则直接作用于生产和加工的具体过程。

除从公共手段与私人手段、事前监管与事后监管的角度对食品安全监管手段进行划分外，另一种划分食品安全监管手段的角度则是从强制性和自愿性两个方面进行。

对于如何选择有效食品安全监管手段的问题，Segerson（1999）对食品安全的强制性监管（mandatory approach）与自愿性监管（voluntary approach）进行比较，并构造理论模型，讨论企业在何种条件下更倾向于自我规制，认为自我规制是否足够有效将取决于消费者所获得的信息情况，以及消费者是否能够充分认识到来自于食品消费的潜在风险。

Starbird（2000）在区分内部惩罚（对应事前监管）与外部惩罚（对应事后监管）的基础上，运用期望年成本模型，在假设企业可以内生控制产品质量以及政府外生决定监管的前提下，分析企业如何决定经济最优、成本有效的产品质量水平，并通过比较静态分析，发现内部惩罚相对于外部惩罚更加经济、有效。

三、食品安全监管的效果分析研究

(一)成本—收益分析框架

"规制是否有效"是西方规制经济学研究的又一重要主题。在研究食品安全领域政府干预是否有效方面，发达国家 20 世纪 90 年代主要的研究领域是食品安全监管的成本—收益分析。成本—收益分析通常是一种事前分析，用于对不同的食品安全监管政策进行比较，以选取成本—收益比相对较高的一种方案，或者决策是否要对某一领域采取某种食品安全监管政策。通常意义上的成本—收益分析需要大量的时间和资源以准备充分的数据和条件，一般需依赖政府动用大量的资源来进行评估，且本身存在诸多问题。我国因食品安全监管的相关工作启动与发达国家相比较晚，目前还没有由政府发起的食品安全监管成本—收益分析。

Henson 和 Traill (1993)较早提出食品安全风险的概念以及相应的食品安全监管成本和收益问题，并指出评价食品安全监管（也即政府干预）的成本与收益的前提是在考虑食品风险情况下的消费选择机制问题（本质是对食品安全的需求问题，消费者对于食品的选择很大程度上基于对风险的厌恶程度）。食品安全的供给需求都围绕食品风险，需求反映消费者愿意为额外的安全提供的支付，供给反映生产者为了提高额外的安全水平的成本，二者共同决定一个可以接受的均衡食品风险水平。

Antle (1999，2001)基于监管效果评价分析（Regulation Impact Assessment, RIA）提出食品安全监管的成本—收益分析思路，分别通过消费者食品需求模型和食品供给模型构造食品安全成本—收益分析的基本研究框架，并讨论了进行成本—收益分析所需获得的基本变量和一般方法。食品安全监管的成本，主要是从企业角度，研究企业的交易成本、经营成本受监管的影响，以及遵守食品安全监管所带来的成本；食品安全监管收益则从消费者角度讨论由于施行食品安全监管所带给的消费者包括产品价格变动、避免就医成本、降低因疾病无法工作带来的机会成本等方面的各种潜在收益。

Valeeva 和 Meuwissen (2004)通过将食品安全风险归纳为化学性风险、微生物风险和物理风险三大类对安全食品进行了界定。沿用 Kuchler 和 Golan (1999)有关食品安全监管成本—收益方法的划分方式，Valeeva 和 Meuwissen 提出将成本—收益分析按照食品安全监管的成本与收益是否可以货币化，划分成三种思路：成本与收益均可以货币化的分析（cost‑benefits）、成本收益均无货币化的风险和健康分析（risk‑risk or health‑health），以及成本货币化但收益无货币化的成本效果分析（cost‑effectiveness）。完全货币化的成本—收益分析更接近于一种效率分析（efficiency analysis），与无须货币化的效果分析相比，效率分析是在具有充足数据情况下的更优选择。由于美国等发达国家的政府和学界对食品安全监管关注较早，相对而言拥有较为丰富完备的调查数据，目前西方学者所采用的研究思路主要是尽可能实现完全货币化的成本—收益分析。

Ragona 和 Mazzocchi（2008）概括了食品安全监管可能造成的九类影响：对公共健康和安全的影响，对消费者和家庭的影响（主要是食品价格层面），对食品生产加工企业竞争的影响，对企业成本与收益的影响，对国际贸易的影响，对创新的影响，对公共部门的影响，对环境的影响以及其他经济影响。他们在这篇文献中提出，对食品安全监管效果的相关研究主要是围绕食品安全监管可能造成的影响所展开的，其中最主要的领域仍然是基于成本—收益分析框架而深入拓展的，各种对食品安全监管成本及收益进行统计核算的研究。此外，Ragona 和 Mazzocchi 同时也指出了定量分析食品安全监管效果的主要困难，首先是事前与事后评价的不平衡，其次是难以估计监管的动态影响，最后是可能存在的内生性问题，最重要的是有效数据的缺乏。事实上，数据缺乏也是我国食品安全监管效果评价的最主要障碍。

计算食品安全监管成本的具体方法主要包括：会计核算方法、工程学方法、计量经济方法以及责任成本法等。计算食品安全监管收益大体沿袭疾病成本法（Cost of Illness，COI）和支付意愿法（Willingness to Pay，WTP）两种思路，疾病成本主要包括因食源性疾病所导致的医疗费用和机会成本，支付意愿的计算更为多样，包括条件估值法（contingent valuation）、实验拍卖法（experimental auction）、联合分析法（conjoint analysis）以及特征价格模型（hedonic pricing）等方法。此外，也有学者开始进行食品安全监管影响的局部均衡和一般均衡分析。

Traill 和 Koenig（2010）进一步总结了成本—收益分析的一般方法，并将计算食品安全监管成本的会计核算方法、工程学方法以及计量经济方法进行归纳和划分，其中前两类方法一般适用于统计企业遵守食品安全监管的成本。又将食品安全监管收益划分为私人受益和公共收益，用来计算私人受益的方法包括支付意愿法和质量调整生命年（Quality Adjusted Life Years，QALYs）；用来计算公共收益的方法主要是疾病成本法。

（二）食品安全监管成本—收益分析的现实应用

食品安全监管的成本—收益分析框架被确定后，西方很多学者在这个统一的框架下针对不同国家不同的食品安全监管手段进行了具体深入的研究。

1. 食品安全监管成本分析

计量估计方法。使用计量方法估计施行食品安全监管的成本的代表是 Antle（2000）。Antle 发展了一种估计食品安全监管成本的实证模型，具体提出企业成本函数、消费者需求函数以及均衡条件下的最优食品安全程度决定因素模型，并运用美国 Census of Manufactures Data 数据进行实证检验，对美国肉类生产加工企业由于提高食品安全水平所导致的成本提高进行了估计。

1996 年美国开始强制实施 HACCP 后，很多学者开始关注实施 HACCP 对企业成本的影响。Ollinger（2003）通过构造成本函数，分析 1996 年美国开始对肉禽业强制实施卫生和过程控制（sanitation and process control）所导致的成本增长（美元/磅），并发现成本的增长与安全效果提高和企业规模扩大呈正向关系，这种趋势在大规模企业中更加明显，进而得出安全和过程控制效果提升很可能会使大型企业获利但不会令小规模企业获益更多的结论。因而，大型企业实施安全和过程控制真正的动力在于安全效果较差的企业将面临着一定的退出市场的压力。随后其又进一步考察了实施 PR/HACCP 对于卫生和过程控制的影响，发现实施 HACCP 后，降低过程控制努力的激励更强，因而更需要增加对企业遵守规制的激励。Ollinger 和 Moore（2006，2009）考察了不同因素对实施 HACCP 成本的影响，将监管成本划分为直接成本和间接成本，直接成本来自监管的规则本身；间接成本来自企业行为（企业规模）和消费者行为。运用 ERS、EFD 和 LRD 数据库的数据分析实施 PR/HACCP 对于肉禽业成本的影响，他们发现政府干预和食品安全监管确实导致了企业成本的提高，相对于小规模企业而言食品安全监管对于大型专业化企业更有利。有关 HACCP 实施对于企业成本的影响，学界的共同认识是食品安全监管的实施往往会给大型企业带来降低成本的正面影响，却会令中小企业面临被迫退出的不利局面。

其他方法。MacDonald 和 Crutchfield（1996）以及 Crutchfield 和 Buzby（1997）先后运用工程分析法进行食品安全监管的成本分析。相对于计量分析法，工程分析法和会计核算法对成本数据的要求更高，成本分析的工作量也更大。

2. 食品安全监管收益分析

分析食品安全监管收益的一个通行思路是从消费者支付意愿（WTP）出发，即消费者愿意为安全食品支付的价格间接反映了食品安全监管所带来的收益，进而又发展出通过估计消费者生命价值来评估食品安全监管收益的分析方法。Buzby 和 Fox（1998）以及 Shogren 和 Fox（1999）对测算消费者支付意愿的各种具体方法进行了比较。Caswell（1995）、Latouche 和 Rainelli（1998）以及 Roosen 和 Lusk（2003）主要采用条件估值法计算食品安全监管收益。Holland 和 Wessells（1998）以及 Halbrendt 和 Pesek（2000）通过联合分析法估计消费者的支付意愿。Fox 和 Hayes（1996）、Dickinson 和 Bailey（2002）、Hammitt 和 Haninger（2007）则用实验方法分析消费者为保障食品安全所能接受的支付。Teisl 和 Bockstael（2001）运用基于计量方法的讨论有关食品营养信息披露对于消费者福利的影响，发现 COI 方法导致低估了食品安全信息披露所带来的社会福利增加，从而间接证明消费者支付意愿是估计食品安全收益的更可靠视角。

3. 其他测算食品安全监管成本收益的方法

由于数据获取困难，官方提供数据库相对有限，调查研究是进行监管成本—收益分析的一种常见思路。Maldonado 和 Henson（2005）采用类似会计核算估计的方法，通过调查墨西哥 HACCP 的实施程度，对墨西哥肉类食品企业实施 HAC-CP 进行成本—收益分析。被调查企业被要求对 HACCP 所造成的成本收益进行排序，并将实施 HACCP 的预期和实际成本进行比较。

福利分析也是一种进行成本—收益分析的可行方法。Unnevehr 和 Gómez（1998）采用水平位移模型（horizontal displacement model）的局部均衡分析方法，分析食品安全监管中导致企业成本提高所引致的福利损失。他们发现，福利损失大小主要受以下几点影响：①监管方式和安全标准；②食品需求价格弹性；③不同类食品的替代效应；④企业数量或者市场规模。同时采用真实数据进行模拟分析，比较不同类食品市场（猪肉、牛肉和禽类肉）生产者福利受到外部政策冲击的影响情况。Roosen 和 Hennessy（2001）基于专业意见调查评估了食品安全监管对于苹果产业的经济福利影响，基于专家看法的不确定性，利用贝叶斯方法加总专家对监管福利影响意见的分布情况，结合专业评估的不确定性测算监管政策实施的福利影响，并用非参数方法对各种监管政策的福利影响进行排序。

Golan 和 Vogel（2000）使用一种基于 CGE 模型的社会核算矩阵方法（Social Accounting Matrix，SAM）进行总体经济层面上的成本—收益分析，并进一步分析了不同收入水平群体谁更多负担安全监管的成本，谁更多享受监管收益的问题。

Mazzocchi 和 Ragona（2013）基于一般 RIA 的成本—收益分析所存在的弊端，如数据难以获取、监管影响难以货币化、难以控制除监管以外的其他影响因素、实际操作中的不确定性、需要考虑折旧率等问题，用多目标决策分析（Multiple Criteria Decision Analysis，MCDA）取代传统的成本—收益分析，在对潜在影响分类的基础上，以定性分析为主，结合定量分析，建立基于模糊逻辑分析的复杂评分指标系统，对各种监管政策进行比较和排序。

（三）未货币化的食品安全监管效果分析

鉴于进行完全货币化成本—收益分析的难度，国外也有部分学者采用未经货币化的思路检验食品安全监管的效果。未货币化的食品安全监管效果分析不再单纯关注实施监管给企业或消费者带来的经济影响，而直接考察实施监管是否有助于提高产品质量、安全水平和显著改善消费者的影响健康状况。

Henson（1997）运用 Delphi 法推断食源性疾病的次数以及各种食品安全控制措施的有效性，提供了一种基于原始数据推断食品安全监管效果的思路。在

Henson 的研究中，他指出食品安全监管效果分析（effectiveness）是效率分析（efficiency）的先决条件，效果分析一方面提供了效率分析所需的数据，另一方面首先判断监管是否能够达到目标，再进一步结合成本—收益分析监管手段是否是成本有效的，也更为合乎逻辑。在无法获得充足的有关企业成本以及消费者收益方面数据的情况下，进行效果分析也是进行食品安全监管效果评价的一个可行的方向。这一点对于我国的食品安全监管研究具有重要意义。

Sumner（2004）采用生物技术，通过检验澳大利亚政府与肉类生产和加工企业实施合作监管并加强监管后沙门氏菌流行率的下降程度，来考察食品安全监管对于消费者健康的影响。Loureiro（2008）则研究了产品责任法即对食品安全问题追究法律责任对于减少食品安全事件的影响，他采用美国的州级面板数据，运用二项选择模型（negative binomial model）进行估计，结论认为实行严格的法律规制并对安全事故进行法律制裁显著减少了 1900～2000 年美国食品安全事故的数量。

基于所能获得的研究数据，本书所采用的食品安全监管效果分析方法也是分别基于企业和消费者视角的未经货币化的监管效果分析，直接考察食品安全监管对于企业遵守规制情况、企业经营情况、食品安全事故发生以及消费者营养健康状况的影响。

四、从各利益相关主体角度进行的研究

食品安全监管并非由监管者单方面行为和策略决定，食品安全监管的参与者包括企业、消费者等主体均能对监管效果产生影响，从不同主体角度出发探讨食品安全监管对主体行为的影响及主体策略选择对食品安全监管效果的作用成为近年国外学者的一个主要研究方向，此外企业自我规制和合作规制也是一个关注热点。

（一）企业角度的研究

1. 企业为何遵守监管

由于监管本身是一种政府强制行为，一般意义上企业都是处于被动遵守的地位。国外学者研究发现，基于降低成本、提高经营效果等动机，企业本身也具有遵守食品安全监管的主动性。

Holleran 和 Bredahl（1999）将食品企业的成本划分为外部成本（交易成本，是由于信息不对称所产生的）和内部成本（企业生产和加工过程直接产生的成本），并从交易成本的角度说明食品的质量保证有助于降低交易成本，并在长期降低内部成本，因而对企业遵守食品安全监管产生了私人激励。Law（2001）也指出，正是为了降低信息不对称所导致的交易成本使得美国开始进行整个联邦范

围内的统一安全监管。

Henson 和 Hooker（2001）认为企业进行食品安全质量控制的动力一般来源于市场力量（需求端是为了扩大市场份额，建立良好声誉；供给端是为了提高企业的经营效率）和强制性监管或者法律责任。而企业进行食品安全控制动力的产生则依赖于企业对遵守监管所导致的内部成本收益的权衡。此外，企业遵守监管并非单纯是在市场力量和政府强制作用下的被动行为，也是企业在激励下的一种主动行为。

2. 企业遵守监管的影响因素

Henson 和 Heasman（1998）研究了企业遵守食品安全监管的具体过程（见图 2-1），提出企业遵守安全监管过程的差异取决于食品安全监管的方式和标准的不同。通过访问和调查研究企业遵守食品安全监管的过程，发现单个企业遵守监管和实施质量安全控制的过程和步骤，并提出理解企业遵守监管有助于进行有效的食品安全监管。

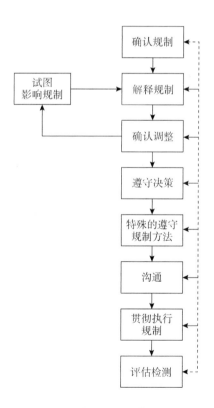

图 2-1　企业遵守监管的过程

Yapp 和 Fairman（2006）借鉴环境规制领域的理论框架和实证研究思路，采用调查研究的方法，对英国中小型企业遵守食品安全监管的影响因素进行实证分析。结果表明，除去时间、资金等一般意义上的影响因素外，企业对食品安全监管缺乏足够的信任、食品安全监管法律激励性不足以及企业缺乏足够的专业知识和对食品安全重要性的认知，都是影响企业遵守监管的潜在因素，而且这些因素之间也存在内在联系。

3. 企业遵守监管行为的影响

Kong（2012）采用事件研究法讨论中国食品生产企业承担社会责任的行为（Corporate Social Responsibility，CSR）是否影响股民对于企业的投资和企业业绩的信任，发现企业主动遵守食品安全监管承担社会责任确实有助于改善企业业绩，并潜在激励股民的投资行为。

（二）消费者角度的研究

消费者风险偏好以及合作规制领域是最近十年来西方学者研究食品安全规制的一个主要方向。Wilcock 和 Pun（2004）从消费者角度出发，提出消费者对食品安全偏好的差异和消费选择行为的不同可能来源于消费者本身的人文地理特征和社会经济学特征的差异。因此，消费者本身自然状况和社会经济学特征差异造成消费者对食品安全产生不同程度的偏好，将最终影响食品安全监管的实施。

（三）有关合作规制的研究

合作规制是近年来学者提出的一种新的理念，强调企业和消费者等私人部门不仅作为食品安全监管的接受者和受益者，同时可以主动与公共部门联合共同参与食品安全监管。Ogus（1995）提出了企业自规制（self - regulation）的概念，而合作规制（co - regulation）可看作自规制的一种特殊形式。

Martinez 和 Fearne（2007）最先提出食品安全监管领域的合作规制这一新的治理框架，并提出了两种不同的合作规制方式，"自上而下"（top - down）和"自下而上"（bottom - up）的食品安全治理。该文献针对公共和私人部门协调努力可能产生监管有效性及效率红利的四个环节（标准制定、过程实施、执行和监控）展开分析。他们讨论了英国、美国和加拿大不同的制度背景下实施合作规制的条件、机遇和挑战，指出合作规制的主要收益在于降低企业遵守监管成本以及有利于实施监管和规程监控；而面临的主要挑战包括协调私人和社会利益问题（公共与私人部门面对的激励不同以及在合作规制中的成本和收益问题，可能会导致规制俘获），可能加剧现有的监管过程中的不平等性，以及因加大企业一方的力量从而削弱消费者的力量。文献也就不同的环节可能适合采用何种合作规制方式提出见解。

Rouvière 和 Caswell（2012）探讨合作规制这一理念出现的原因和必要性。该文献发展了一个食品安全监管实施的概念性框架，提出通过实施理念（事先预防或者事后惩罚）、实施策略（严格性或者激励性）以及实施实践（过程检查、信息提供和处罚制裁）三个维度，可以定位一种食品安全监管方式实施的程度。

Martinez 和 Verbruggen（2013）对合作规制理论收益的实现情况与风险进行实证分析，并讨论了形成合作规制的先决条件，即制度环境、企业的自我监管能力、共同参与、透明度、共同和私人利益的协调。该文献对于在食品安全监管实践中判断是否适合推行合作规制具有指导意义。

五、有关解决信息不对称问题的研究

食品安全监管当中的信息不对称问题主要源于食品本身的经验品和信任品属性。McCluskey（2000）基于经验品和信任品两种商品由于交易过程中信息不对称而存在的道德风险问题分析了企业与消费者的对策，发现对于信任品而言，重复购买（信誉）和监督对于保证消费者获取有关食品的充足信息是必要的。

Starbird（2005）分析企业向消费者供应食品过程中可能存在的道德风险问题，研究结论表明抽样检测是一种有效的食品安全监管工具。Mojduszka 和 Caswell（2000）采用 Grossman 的完全有效质量信号模型检验自愿信息披露是否有效，即是否有必要通过食品营养成分标签进行强制性信息披露，发现最终结论并不能很好地支持该模型的假设，也说明了强制信息披露的必要性。

Rouviere（2010）采用动态博弈方法，考虑食品不同污染风险程度下企业实施自愿性食品质量安全控制体系的条件。研究发现无论对于何种污染风险程度，当企业直接供货给消费者时，潜在的来自监管机构强制实施质量安全体系的威胁足以保证企业自愿实施质量安全体系；但当潜在的强制性实施较弱时，企业是否能自愿实施安全体系将取决于因实施质量安全控制所获收益与食品污染危害发生时的处罚力度，此时低风险污染相比高风险污染更能促进企业实施自愿的质量安全控制体系。

综上所述，国外关于食品安全监管领域的研究在探索监管的内在原因和监管的效果分析方面已经较为成熟，取得了丰富的研究成果，积累了系统的研究方法，并形成了完整的分析框架。研究的重点已从"为什么监管""监管效果如何"逐步向"如何更好地监管"转移。但在食品安全监管过程中涉及的利益主体行为研究上，以往多数文献集中分析企业行为特征，强调食品安全管理中监管者的作用，对消费者及介于政府和市场之间的社会中间组织在食品安全领域的行为特征研究较少，而从政府、企业、社会中间组织合作角度系统研究食品安全问题的文献更为少见。近年来，国外学者开始更多关注食品安全企业自规制和合作规制方面的研究，这也与国外食品安全监管实践的发展密切相关。

<h1 style="text-align:center">第二节　国内研究现状</h1>

国内有关食品安全监管的研究起步较西方更晚，由于中国食品安全监管现状及问题与国外不同，所以问题研究出发的角度也有所差异，加上中外对食品安全问题的研究程度和研究条件的差距（主要是数据收集方面）综合导致国内研究与国外研究方向和层次上的区别。

一、食品安全监管模式及监管手段研究

近十年来，我国学者开始对食品安全监管模式展开研究，周德翼和杨海娟（2002）等从食品安全监管中的信息不对称角度分析食品质量安全管理当中存在的问题，较早提出政府监管是有效解决信息不对称等食品安全控制问题的关键所在。廖卫东等（2009）从制度经济学角度出发探讨我国食品安全监管的制度缺陷并提出了相应的政策建议。李怀和赵万里（2009）则分析了我国食品安全监管的制度变迁过程，指出监管制度变迁的内在动力。

有关食品安全监管的研究展开之初，很多国内学者遵循着通过国际比较寻找适合我国的监管模式这一研究路径。王耀忠（2005）从食品安全监管的国际比较出发，探讨食品安全监管权力的横向和纵向配置问题，并基于我国食品安全监管体制存在的问题提出系统性改革的建议。此外，赵学刚（2009）和李先国（2011）等也都先后通过研究发达国家食品安全监管模式，并与我国现状进行对比，进而提出建设我国食品安全监管体系的一些建议和思路。

围绕食品安全监管究竟应该采用何种监管模式，"分段监管为主，品种监管为辅"的食品安全监管模式是否有效且适合我国食品安全监管的现状，单一部门监管是否可行等问题，国内一些学者提出了自己的见解。颜海娜（2010）从交易费用的视角对我国食品安全监管部门间的关系进行分析，指出当前多部门监管模式所面临的困境及其产生的内在原因是部门的资产专用性，提出了加强食品安全监管部门间合作的运作模式。冀玮（2012）基于中国食品安全监管的历史沿革和行政生态，提出"单部门"监管并不可行，就当前而言多部门监管更适合食品安全监管的客观需要。但随着食品安全监管的"大部制"改革的进行，监管机构的权力与职能进一步整合，虽然目前尚无法实现"单部门"监管，但传统的观念也需要逐步转变。

二、食品安全监管效果评价研究

限于所能获取的研究数据，国内在食品安全监管效果方面的研究较少，现有的对食品安全监管效果评价的研究都集中在理论层面，较少深入地研究，也没有建立起全面系统的评价体系。

一些学者试图通过将食品安全问题分解，来分析影响食品安全监管效果的因素。刘为军（2008）基于九省（市）食品安全示范区的调查数据，从政府控制、生产者控制、消费者控制以及科技控制四个方面，运用逐步回归法研究影响我国食品安全控制效果的因素。刘畅等（2011）从食品供应链角度出发，将食品供应链划分为多个环节和步骤，并将可能导致食品安全问题的原因分类，进而建立食品质量安全判别与定位矩阵，对2001～2010年十年间发生的食品安全事件进行系统分析。胡颖廉（2011）则选取食品生产加工环节为切入点，构建了一个包括中央政府、地方政府、产业和消费者信号在内的变量指标体系，说明了影响中国食品安全监管执法力度的因素，从而得出应更多关注农村消费者以及加强中央监管力度的结论。

也有学者尝试从宏观角度探讨我国食品安全监管效果问题。刘鹏（2010）基于我国食品安全监管30余年来的制度变迁过程，结合统计年鉴的宏观数据，选取包括食物中毒事故起数、食物中毒人数以及食物中毒死亡人数等若干指标通过统计描述的方法，对我国食品安全监管的效果进行评估。王能（2011）运用DEA方法，设计食品安全监管的投入与产出指标，分别从省级的横向角度和年度的纵向角度评估我国食品安全监管的效率，得出了我国食品安全监管效率逐年提高的结论。

国内一部分学者尝试借助微观调查数据分别从企业和消费者的角度出发，考察食品安全监管的影响。企业角度方面，白丽等（2005）基于企业调查数据，初步探讨激励我国食品生产加工企业通过HACCP食品安全管理体系认证的主要因素。王志刚等（2006）也通过对482家企业的调研数据分析HACCP认证对于企业成本收益以及对企业经营的有效性的影响，同时还讨论了企业获得HACCP认证的相关影响因素。刘霞等（2008）则基于调研数据对北京市食品企业采用HACCP所导致的成本以及成本的影响因素进行分析。还有些学者关注对农户（生产者）的质量安全认知和遵守食品安全监管的质量安全行为的分析，探讨了影响农户进行农产品质量安全控制的主要因素和农产品生产加工企业加强产品质量安全管理的内在动力。主要代表有周洁红（2006）、周洁红和胡剑锋（2009）、孙世民等（2011）。此外，还有部分学者食品质量安全追溯体系的实施效果及影响因素，如韩杨等（2011）、叶俊焘（2012）。研究发现，政府的支持与补贴、市场利益以及明确的食品安全责任均是促使企业实施食品可追溯体系的主要驱动力。

消费者对农产品的风险认知和支付意愿从食品安全的需求角度影响食品安全的水平，并直接关系到食品安全监管的实施效果。一些学者围绕消费者对可追溯农产品、具有认证标志的农产品等安全食品的支付意愿及其影响因素展开研究，此方面的研究包括冯忠泽和李庆江（2008）、王锋等（2009）、何坪华等（2009）。研究结果表明，消费者的职业、消费倾向以及获取信息的渠道均为影响其支付意愿的重要因素，从而也为政府加强食品安全质量信息监管提供了实证支持。

从微观角度进行的食品安全问题研究往往并非对食品安全的监管效果进行直接分析，而是从企业和消费者的角度探讨影响食品安全监管实施效果的因素。由于特殊的国情和研究条件的局限，国内有关食品安全监管影响和监管效果的研究并非在成本—收益分析这一框架下展开，因而研究的内容相对分散，如何形成适合于我国的食品安全监管效果评价体系也是我国学者主要努力的方向。

三、从信息视角出发的食品安全监管研究

食品安全监管问题产生的一个内在原因是食品本身具有的经验品和信任品属性所导致的信息不对称，近年来国内也开始有学者关注从信息角度设计机制以实现对食品安全监管的优化。王秀清和孙云峰（2002）较早提出我国食品市场上存在的质量信号问题，并提出了促进质量信号有效传递的对策。李想（2011）从食品的信任品特征出发，考虑食品的质量缺陷在重复购买前可能被曝光的因素，讨论分离均衡及混同均衡的实现条件，发现增加消费者收入及在此基础上加大监管力度将有助于高质量食品的生产者努力显示产品质量信号。张璐和周晓唯（2012）分析了食品安全监管中所存在的多重委托—代理关系，并指出充分调动行业协会、消费者群体的积极性，实现对监管者的监管，将有利于最终实现监管者、被监管者以及消费者之间的共赢。

四、食品安全监管治理研究

食品安全监管治理是提升监管效果的最终制度保障。20 世纪 90 年代，强调权力向多元化的"治理"理念及相应理论引入公共管理实践，"更少的统治（government），更多的治理（governance）"成为当前一些国家政府规制改革的目标选择，并成为食品安全监管体制设计的重要组成部分。目前国内关于食品安全监管治理的研究起步较晚，相关研究成果也相对较少。少数学者开始强调行业协会和消费者在食品安全监管中的积极作用（徐晓新，2002）。张红凤、陈小军

（2011）基于我国食品安全的监管困境，引入多中心治理的分析视角，提出构建由政府、企业、社会层面主体、消费者等多方共同参与的食品安全监管多中心治理模式。有的学者则提出在食品安全监管中引入整体性治理理念论，建立政府—市场—社会之间的合作关系，或基于市场信息基础、声誉机制建立聚合多元主体食品安全治理框架，以弥补政府监管的"碎片化"状态（陈刚，2012；吴元元，2012）。由于食品本身属性带来的信息不对称，信息技术成为解决由信任品或经验品属性导致的市场失灵的重要手段，汪鸿昌等（2013）提出通过信息技术与契约构成混合治理机制，从而更加有效确保食品安全。

在借鉴西方学者研究成果的基础上，我国学者也开始较多关注食品安全监管的研究，并取得了一定的成果。国内早期的研究多集中于对国外监管模式的经验借鉴和对我国食品安全存在问题的理论分析。近年来，有学者开始转向食品安全监管绩效方面的研究，研究方法也由定性分析逐步向定量分析转化。但限于我国对食品安全问题的研究起步较晚，目前相关的微观研究数据不足，对食品安全监管绩效的研究难以深入，更无法进行系统的成本—收益分析，如何在现有的研究条件下对我国食品安全监管的效果进行科学评价也成为目前该领域研究的一个主要问题。此外，随着我国食品安全监管改革实践的推进，有关监管体制的研究仍停留在描述性分析的层面，有待进一步深入与模型化。而在单纯依靠政府主导的食品安全监管越来越不能满足现实需要的背景下，国内学者近几年开始关注多主体参与治理食品安全问题的重要性，但这些研究目前数量仍然较少且较为分散，也未对多主体合作治理食品安全模式的形成机理进行理论层次的系统研究。

基于国内对食品安全监管问题的研究现状，本书将从我国食品安全监管的效果评价入手，探索从监管体制改革角度改善我国食品安全监管效果的途径，并结合监管中涉及的多方利益主体之间的博弈，提出通过构建多元主体合作治理框架作为提升我国食品安全监管效果的制度保障。

第三章 我国食品安全监管现状及存在的问题

第一节 我国食品安全监管变迁描述统计及监管强度变化趋势

一、反映食品安全监管总体效果的相关指标

为了更好地测度和反映我国食品监管的整体变化趋势，结合已有的数据来源，笔者分别选择我国食品工业总产值指数、食品工业产值占国内生产总值比例、食品工业产值占工业总产值比例、年度食物中毒事故起数、食物中毒人数、食物中毒死亡人数、食品安全抽检件数、抽检合格率、抽检合格数以及经常性检测合格率等数据作为衡量我国食品安全监管情况的主要指标，试图以此来廓清近十几年来我国食品安全监管的综合状况和发展轨迹。

数据主要来源于历年的《中国卫生年鉴》《中国食品药品监督管理年鉴》《中国卫生统计年鉴》《中国食品工业年鉴》《中国卫生统计提要》《全国卫生事业发展情况统计公报》等官方统计数据，以及原国家卫生部（现国家卫生和计划生育委员会）、原国家食品药品监督管理总局（现国家市场监督管理总局）、原国家质量监督检验检疫总局官方网站。

食品安全监管综合性法律法规政策增量这一指标，采用每一年国务院新出台的有关食品安全方面的法规、政策以及《食品安全法》等法律来表示。部门法律法规政策增量则是通过农业部、原卫生部、原国家食品药品监督管理总局等主管食品安全的部门每年新出台的法规、政策来表示。本书梳理了近 20 年来与食品药品监管相关的法律法规和部门规章以及重要的规范性文件。其他统计数据通

过《中国食品工业年鉴》《中国卫生年鉴》《中国食品药品监督管理年鉴》以及各大部委网站获得。监督机构数与监督机构技术人员数指标数据来源于《中国卫生统计年鉴》以及《全国卫生统计提要》。有关食品安全抽检情况以及经常性检测情况的数据同样来源于《中国卫生统计年鉴》。有关食物中毒情况的数据主要来源于《中国卫生统计年鉴》，此外还参考了每年发布的《全国食物中毒事件情况的通报》以及原国家卫生部网站公布的数据，由于统计口径不一致，这些数据存在一定的冲突，笔者也都进行了相应的综合和处理。有关我国食品工业发展情况的指标数据包括食品工业总产值指数以及食品工业产值占工业总产值比重，这里食品工业总产值指数采用以 1990 年食品工业总产值为 100 计算所得的相对数值，数据均来源于《中国食品工业年鉴》。

　　本节对体现我国食品安全监管总体情况的一些关键指标进行数据的整体描述统计。如图 3 - 1 ~ 图 3 - 3 所示，分别反映了 1998 ~ 2015 年我国食品工业的发展情况。由图 3 - 1 可以看出，我国食品工业于 20 世纪末经历了一个相对快速的发展阶段，一直呈现快速增长的趋势。总体而言，我国食品工业占整个国民生产总值的比重与占工业总产值比重均呈现快速上升的趋势，食品工业产值占国内生产总值的比重仅在 2013 年以后略有下降，表明我国食品工业在长期中一直呈现一种相对稳定的发展态势。实际上，食品工业的稳步发展，也可以看作食品安全监管工作的一种积极效果，作为食品安全监管产出的体现。

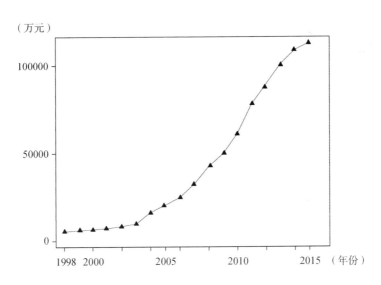

图 3 - 1　1998 ~ 2015 年我国食品工业总产值变化趋势

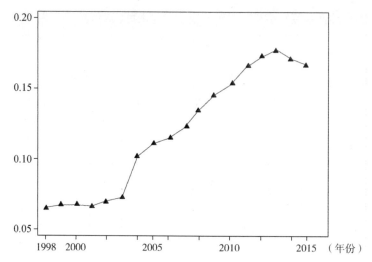

图 3 - 2 1998～2015 年我国食品工业总产值占国内生产总值比例

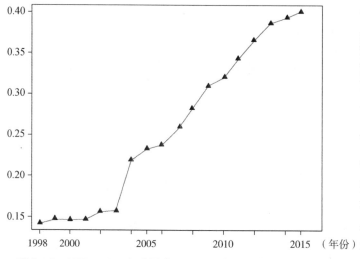

图 3 - 3 1998～2015 年我国食品工业总产值占全国工业产值比例

图 3 - 4～图 3 - 6 分别报告了从 1999 年到 2015 年，原卫生部报告的食物中毒起数、食物中毒人数以及食物中毒死亡人数。食物中毒情况从反方向说明了我国食品安全的整体情况。由图可以大致看出，这 16 年间我国所报告的食物中毒数量在整体波动中呈现一个下降的趋势。食物中毒起数的变化趋势首先呈 "W" 形，然后不断下降。食物中毒起数在 2000 年和 2006 年前后达到一个高峰，2000 年报告的重大食物中毒事故 696 起，2001 年 624 起，2006 年卫生部接受网络播报的食物中毒事故起数为 596 起。此后我国食物中毒事故基本呈逐年下降趋势。2013 年食物中毒事故起数最少，为 152 起。

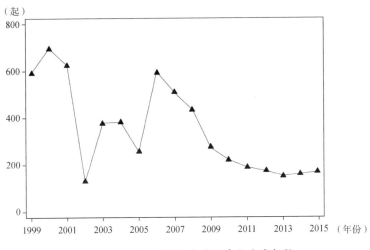

图 3-4   1999~2015 年我国食物中毒起数

注：数据分别来自《中国卫生统计年鉴》《中国卫生统计提要》、原国家卫生部历年食物中毒情况通报（重大食物中毒事故，网络播报）等。由于我国卫生部统计的全国食物中毒情况前后口径不一，本课题在收集相关数据时，经过分析和比较，分别选取不同来源的数据进行了综合。

与图 3-4 相类似，图 3-5 所反映的食物中毒人数也大致呈现出一种类似"W"形然后再逐步下降的趋势。食物中毒人数在 2001 年达到历年最高，为 20124 人。此后又在 2006 年再次达到一个峰值，当年卫生部接受网络播报的食物中毒人数为 18063 人。在两个峰值之间，报告的食物中毒人数呈明显的"W"形趋势，2006 年以后中毒人数逐年下降。2013 年网络播报食物中毒人数为 5559 人，为历年最低。食物中毒起数与食物中毒人数的整体变化趋势基本吻合。

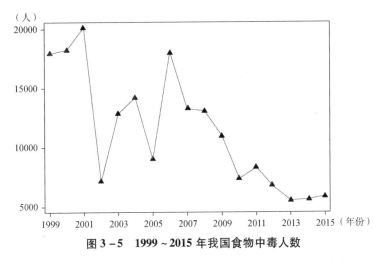

图 3-5   1999~2015 年我国食物中毒人数

图 3-6 中原卫生部报告的食物中毒死亡人数在 2003 年为最高的 323 人，并

也在 2007 年后呈现出明显的下降趋势。由图 3-4～图 3-6 可以发现，2006 年是一个重要拐点，从 2006 年开始我国卫生部所报告的食物中毒事故起数、食物中毒人数以及食物中毒死亡人数均呈现明显的下降趋势。近年来，我国食品安全监管逐渐加强，相应地，全国范围内食物中毒的情况也得到了一定程度的改观，事故次数降低，受害人数减少，食物中毒的死亡率也逐步降低。

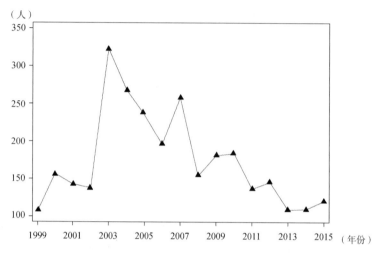

图 3-6   1999～2015 年我国食物中毒死亡人数

也有学者指出食物中毒事故起数、食物中毒人数与食物中毒死亡人数呈现相似的变化趋势并不是一种必然，例如食物中毒报告起数的增加，并不一定意味着食品中毒人数的增加，因为平均每期食物中毒的人数可能出现下降；同时食物中毒人数的增加，也不意味着中毒死亡人数的必然增加，因为食物中毒事故的性质可能相对缓和，从而导致致死率下降。根据调研了解，2002 年底爆发的"SARS"事件客观上引发社会对卫生安全事件关注度的提升，从而促使了卫生安全事件报告制度的完善，也导致了安全事故报告次数的上升。

图 3-7～图 3-9 报告了我国 1998～2010 年的食品安全抽检情况。食品抽检是指食品安全主管部门每年根据国家下达的抽验任务对食品生产和加工企业进行有针对性的抽样检验，同时一些企业也可以主动将样品送检。从 1992 年开始，每年卫生部门都会依据食品分类标准，对和人民群众日常生活密切相关的食品进行抽检和送检，分别得出各类食品的合格率情况，折算出平均合格率。抽检数体现了我国食品安全监管的投入情况，而抽检合格率与抽检合格件数则反映了监管的产出情况。图 3-7 反映了 1998～2010 年我国食品安全抽检件数，由图可以明显看出，2008 年后，我国食品的抽检件数激增，2009 年与 2010 年分别达到 354.7 万件和 389.1 万件，远远超过 1998 年的 158.2 万件。这主要是因为，2008 年前后我国大规

模食品安全事件频发，"三聚氰胺"事件更是引起社会的广泛关注，食品安全抽检件数的增加则反映出有关部门对于食品安全问题重视程度的提高。

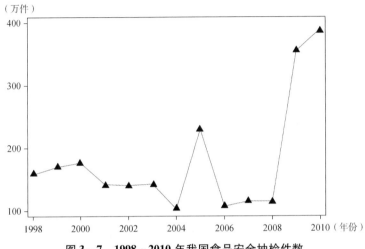

图 3 - 7　1998～2010 年我国食品安全抽检件数

由图 3 - 8 可以看出，我国食品抽检合格率呈现出总体波动上升的趋势。2008年以前，除去 2003 年和 2006 年两年，食品安全抽检合格率达到 90% 以上（这两年抽检合格率分别为 90.45% 和 90.8%），其余年份的抽检合格率均低于 90%。2008年开始，食品抽检合格率不断提高。2008 年、2009 年、2010 年的食品抽检合格率分别达到 91.6%、92.3% 和 92.9%。食品抽检合格率在 2008 年开始明显提高，也在一定程度上反映出 2008 年开始加强的食品安全监管取得了一定的成效。

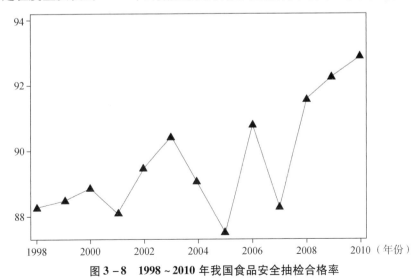

图 3 - 8　1998～2010 年我国食品安全抽检合格率

食品安全抽检合格数是抽检数与抽检合格率的共同体现，也从产出端反映了我国食品安全监管的变化趋势。由图3-9可以看出，抽检合格数与抽检数相似，也呈现出在2008年以后快速增加的态势。

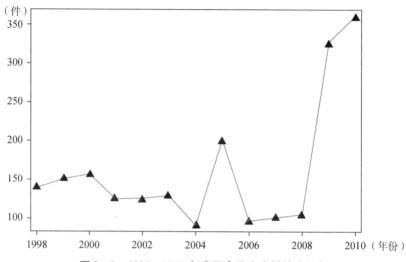

图3-9　1998~2010年我国食品安全抽检合格数

图3-10同时报告了2006~2017年国家质量监督检验检疫总局每年对各类产品质量抽检中食品类产品的抽检合格率，可以看到，合格率整体呈上升趋势，2006年抽检合格率尚不足80%，2009年上升至90%以上，此后2011~2013年三年出现短暂的下滑，下滑至90%左右，自2014年后连续四年稳定在95%以上。质量检验检疫部门所进行的食品抽检主要是在每年各类产品当中抽检一部分，因此所采用的抽样规模、采样标准以及食品的子类别选取与食品药品监督管理部门的抽检有所区别，但抽检合格率的变化趋势可以相互参考与对照，也一同说明了近年来我国食品质量安全程度的总体向好趋势。

作为对照，笔者同时在图3-11中报告了代表性年份2015年各类食品的抽检合格率情况。可以看到2015年各类食品抽检合格率总体稳定在94%以上，其中饮品的抽检合格率相对较低，茶叶、咖啡、糖类、可可制品、乳制品以及食品添加剂的抽检合格率最高，均超过了99%。乳制品和食品添加剂是我国食品安全监管中的工作重点，近年来监管取得的一定成效，也体现在较高的抽检合格率中。

与食品安全抽检情况相比，经常性检测合格率可以作为另一个考察我国食品安全监管产出情况的参照指标。图3-12报告了2001~2011年我国食品安全经常性检测的合格率。与报告的食物中毒情况类似，食品经常性检测合格率大体上也呈现出一个"V"形变化趋势。2006年经常性检测合格率为历年最低，仅为86.2%。2006年以后，经常性检测合格率逐年上升。2011年经常性检测的合格率已经达到99.4%，相比最低年份提高了十多个百分点。这表明，近年来我国在食品安全检测方面整体力度的提升和效果的初步改善。

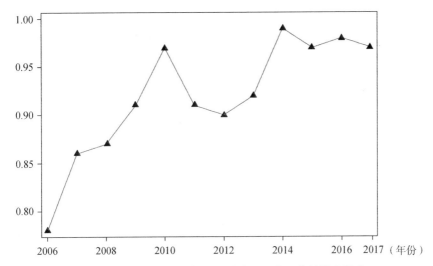

图3-10　国家质量监督检验检疫总局食品类抽检合格率

资料来源：原国家质量监督检验检疫总局网站所公布的历年产品抽检公告。

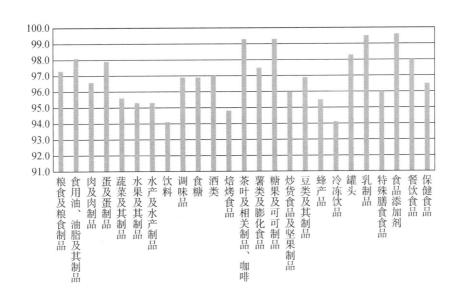

图3-11　2015年各类食品抽检合格率

资料来源：国家食品药品监督管理总局网站。

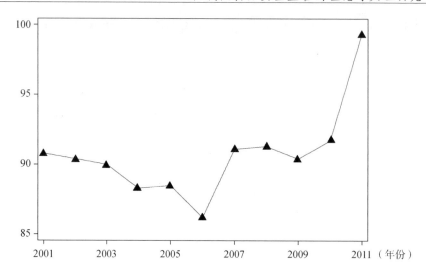

图 3 – 12　2001～2011 年我国食品安全经常性监督合格率

二、反映我国食品安全监管强度变化趋势的总体指标

上一节对我国食品安全监管的整体情况进行了初步描述，在此基础上，笔者通过进一步构建总体指标来反映我国近年来食品安全监管强度的总体变化趋势。

（一）总体指标简介

测度和反映食品安全监管总体变化趋势相当于对制度现象进行计量，面临诸多技术难点，尤其我国有关食品安全监管方面的数据缺乏，更增加了研究的难度。因此本节设计并构建我国食品安全监管强度评价总体指标，通过有关食品安全监管的投入指标对食品安全监管力度的总体变化趋势进行综合评价。

为了保证总体指标尽可能合理，使测度结果尽可能可靠，结合我国食品安全监管的研究现状，笔者提出构建总体指标需要注意遵循以下几个原则：

（1）数据易获得性。由于我国目前关于食品安全方面的公开统计数据相对匮乏，而实地调研又仅能获取相对局限区域的数据而无法了解到我国食品安全监管的全貌，因此数据的缺乏成为构建食品安全监管总体指标的一个重大难点。即使选择的统计指标很科学，但由于难以取得相应的数据资料，就导致指标的构建本身不具备很强的可行性，其适用范围也因此会受到极大的限制。因此本书在选取指标时，尽可能考虑选择从已有的可获得的统计年鉴或国家部委官方网站中可获得数据的指标，有利于总体指标的实施与检查。由于食品安全监管主管部门在监管体制改革中不断更替、合并，因此许多指标所能查阅获得的年限均相应受到限制，随着部门权责的转移，一些指标也随之无法获得，此外有关抽检合格率的相关数据因来源不同也存在区别和矛盾。为了与下文企业角度的食品安全监管效果评价保持一致性，且综合考虑各项指标的可获得性，本节截取了 2000~2009 年这十年作为研究的时间段。

（2）实用性。构建指标的目的在于简化复杂的评价工作，通过可度量的数据来检验政策的有效性。因此在构建总体指标的过程中，要避免为了追求所选择指标的全面性，而导致指标过度繁杂，可操作性过低。因此，合理、正确地选择有代表性的、具有可比性的、信息量大的具体指标，是构建总体指标的关键。

（3）现实性。总体指标的构建本身是为了科学反映和解决现实问题，因此现实性要求建立的指标要与实际情况吻合，并能够通过现实情况的检验。本节之所以选取了 2000~2009 年这一时间段作为研究对象，除了数据可得性的考量，同时也是考虑到这十年是我国食品安全问题集中爆发的时间段，也是国家和社会开始重视食品安全监管的主要时间段，此间覆盖了我国食品安全监管体制的主要变革阶段，同时也经历了"SARS"事件、"三聚氰胺"事件等突出的食品安全及卫生事件，具有一定的代表性和现实意义。

指标确定后，再对各级指标赋以权重，权重亦是总体指标的重要组成部分。指标的权重值在 0 到 1 之间，各维度的指标权重和为 1，指标权重是根据多元统计分析中的主成分分析法来确定。

主成分分析旨在利用降维的思想，把多指标转化为少数几个综合指标，用于解决实证问题研究中，彼此相关的影响因素造成统计数据反映的信息在一定程度上出现重叠和变量过多增加分析问题复杂性等问题。主成分分析法把给定的一组相关变量通过线性变换转成另一组不相关的变量，并将这些新的变量按照方差依次递减的顺序排列。在数学变换中保持变量的总方差不变，使第一变量具有最大的方差，称为第一主成分，第二变量的方差次之，并且和第一变量不相关，称为第二主成分。主成分分析的具体分析步骤是：第一，将原始数据进行标准化；第二，根据标准化后的数据求相关系数矩阵；第三，经过一系列正交变换，使非对角线上的数置 0 加到主对角上；第四，得到特征根 x_i 并按照从大到小的顺序将特征根排列；第五，求得各个特征根对应的特征向量；第六，根据公式 $V_i = x_i / (x_1 + x_2 + \cdots + x_i)$ 计算每个特征根的贡献率 V_i，再根据特征根及其特征向量解释主成分的意义。

在实际研究过程中，选取贡献率累计较大的主成分作为因子，对数据进行处理后得旋转后的因子载荷矩阵。设主成分 F_k（$k = 1, 2, \cdots, p$）对 p 方差的贡献率为 λ_k，因子 X_1 在主成分 F_k 中系数为 a_{1k}，则因子 X_1 权重即为三级指标的权重，这时得到的数据是毫无规律可循的，为使其具有指标权重的一般特点，对其进行了归一化处理。归一化处理能够将各数据归一到 0 到 1 之间，使归一化后的数据加和为 1，从而满足赋权的需要。

具体实施阶段，在收集指标数据的基础上，要先对指标数据进行标准化处理，以使不同量纲的数据能够进行综合统计比较分析。由于每个指标量纲不同，无法进行综合统计比较分析。因此，在完成数据采集工作后，笔者对数据进行同量度处理。目前，对指标进行无量纲处理的方法很多，例如对数化处理法，标准化处理法，模糊隶属度函数处理法。笔者采用标准化处理法，借助 SPSS17.0 对数据进行处理。其原理可用下面公式表示：

$$y_i = \frac{x_i - \bar{x}}{\sigma_j}$$

对于存在的逆指标，也要相应进行统计处理，转化为正指标。最后再使用 Stata13.0 软件对指标数据进行主成分分析，结果如表 3-1 所示。

表 3-1　我国食品安全监管强度变化趋势评价总体指标

权重	指标	指标性质
0.172	食品安全监管综合性政策、法律法规增量	正指标
0.162	食品安全监管部门政策、规章增量	正指标
0.255	食品安全监督机构数	正指标
0.257	卫生技术人员数	正指标
0.154	食品安全抽检件数	正指标

（二）反映我国食品安全监管强度的总体指标及变化趋势

本部分采用主成分分析法对标准化后的数据进行降维，实际运算通过 Stata13.0 软件完成。对我国食品安全监管综合性法律法规政策增量、部门法律法规政策增量、食品安全监督机构数、食品安全监督技术人员数以及食品安全抽检数等五个指标进行标准化处理，然后进行主成分分析。表 3-2 反映了投入指标主成分分析的结果。

表 3-2　主成分分析结果

指标变量	第一主成分载荷	第二主成分载荷	第三主成分载荷
综合性法规政策增量	0.158	0.806	0.514
部门法规政策增量	−0.474	0.188	0.244
监督机构数	0.587	0.0906	−0.149
监督技术人员数	0.590	0.0683	−0.118
抽检数	0.239	−0.549	0.800
特征值	2.645	1.056	0.828
累计贡献率	0.529	0.605	0.906

计算的各指标对应主成分系数如表 3-3 所示。

表 3-3　各指标主成分系数

指标变量	第一主成分系数	第二主成分系数	第三主成分系数
综合性法规政策增量	0.09715	0.78434	0.56487
部门法规政策增量	-0.29145	0.18295	0.26815
监督机构数	0.36093	0.08817	-0.16375
监督技术人员数	0.36278	0.06646	-0.12968
抽检数	0.14696	-0.53424	0.87917

综合考虑主成分的特征值和方差贡献率，对投入指标仍保留了三个主成分（f_4，f_5，f_6），并用这三个主成分来代替最初的五个投入指标（$y_1 \sim y_5$ 分别对应上表中的五个投入型指标），主成分则由指标与各自的主成分系数相乘后加总所得，如式（3-1）至式（3-3）所示：

$$F_4 = 0.09715y_1 - 0.29145y_2 + 0.36093y_3 + 0.36278y_4 + 0.14696y_5 \qquad (3-1)$$

$$F_5 = 0.78434y_1 + 0.18295y_2 + 0.08817y_3 + 0.06646y_4 - 0.53424y_5 \qquad (3-2)$$

$$F_6 = 0.56487y_1 + 0.26815y_2 - 0.16375y_3 - 0.12968y_4 + 0.87917y_5 \qquad (3-3)$$

以每一个主成分所对应的特征值（λ_4，λ_5，λ_6）占所提取主成分的特征值和比例作为权重，可计算出投入的主成分综合指标 Z_2，如式（3-4）所示：

$$Z_2 = \frac{\lambda_4}{\lambda_4 + \lambda_5 + \lambda_6}F_4 + \frac{\lambda_5}{\lambda_4 + \lambda_5 + \lambda_6}F_5 + \frac{\lambda_6}{\lambda_4 + \lambda_5 + \lambda_6}F_6 = 0.5840F_4 + 0.2332F_5 +$$

$$0.1828F_6 \qquad (3-4)$$

通过式（3-4）也可计算出 1999~2009 年投入指标 Z_2 在该时间序列上的取值。在计算出两个二级指标取值的基础上，根据一级指标权重，可以进一步计算出总指标值，并进行标准化。如图 3-13 所示。

由图 3-13 可以看出，我国食品安全监管的投入也即监管强度在 2000~2009 年呈现波动的上升趋势。除去 2003 年、2006 年以外，每一年的食品安全监管投入均不断增长，表明我国政府近年来不断加强食品安全监管的政策倾向。尽管政府对于食品安全问题的重视程度和监管力度逐年上升，现实中却出现消费者信心下降、食品安全事故频发且社会影响恶劣的现象，因此本书试图从企业和消费者两个角度来探索我国食品安全监管的效果是否显著。

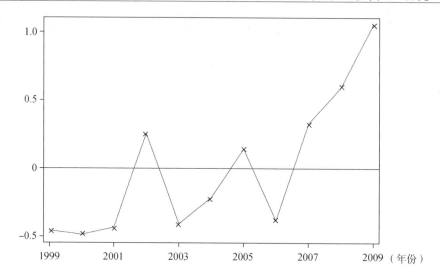

图 3-13 1999~2009 年我国食品安全监管产出指标变化趋势

第二节 我国食品安全监管各环节存在的问题

本节先对近年来我国农产品及食品生产加工环节所发生的主要食品安全事件进行了梳理，并按照食品安全事件的类型进行了分类，以便于进一步从中总结出我国食品安全监管在生产、加工、流通等各环节存在的具体问题，有关食品安全事件的整理见表 3-4。

表 3-4 我国农产品及生产加工环节食品安全事件

序号	事件类型	年份	事件名称	事件简述及影响
1	农药残留	2013	"毒豇豆"事件	2013 年 1 月广州市在农产品质量检测中发现来自海南的豇豆样品中农药残留超标，引发舆论关注
2		2013	"毒生姜"事件	2013 年 5 月央视曝光山东省潍坊市姜农使用剧毒农药种姜，之后相继在南京、广州等地发现"毒生姜"。潍坊本地将姜划分为外销和内销两种，前者检测严格，后者则只进行小规模抽查，暴露出地方食品安全监管内外有别、双重标准的问题。事后问题姜田被依法清除销毁

续表

序号	事件类型	年份	事件名称	事件简述及影响
3	农药残留	2013	"陕西渭南滥用高毒农药"事件	2013年6月，央视曝光陕西渭南菜农滥用农药，保有"自留地"，自己从不吃大棚菜，引发社会对"绿色""有机"农产品质疑，暴露出城乡农产品供给的二元结构
4		2013	"中药材农残"事件	2013年6月，国际环境保护组织"绿色和平"公布《中药材污染调查报告》，称中药材样本普遍存在农药残留，引发国内公众关注
5		2013	"毒豆芽"事件	2013年河南、陕西、福建、江苏等多地被曝光违法加工问题豆芽，引发《人民日报》、新华社等权威媒体关注，各地组织销毁"毒豆芽"
6		2014	"广州毒豆芽"事件	2014年3月广州、珠海两个特大生产销售毒豆芽窝点被查获，警方对涉案者进行依法刑事拘留，引发社会广泛关注
7		2014	"青水源有机蔬菜农药残留"事件	2014年9月天津市青水源生产的有机芹菜农药残留超标，引发公众对有机蔬菜安全性的质疑
8		2015	"菜地农药残留超标"事件	2015年4月广东省东莞市农业局第一季度对蔬菜生产企业、农业专业合作组织及生产基地进行抽检，发现3家菜地存在禁限用农药残留超标。已对不合格单位进行查处，并列入重点监管名单
9		2015	"济南毒韭菜"事件	2015年12月山东省济南市食品药品监督管理局公布蔬菜及蔬菜制品抽检信息，发现5批次韭菜不合格，农药残留超标200倍，并对违法商贩处以罚款
10		2015	"福建茶农残超标"事件	2015年12月国家食品药品监督管理总局发布新一期食品抽检名单，福建有3批次品牌茶叶检出氰戊菊酯超标，福建省食品药品监督管理局责令生产经营者采取下架、召回，并制定整改措施
11	兽药滥用	2013	"速生鸡"事件	2013年央视曝光山东多地养殖场通过给鸡喂食已被国家明令禁止的抗生素和激素类药物使其快速成熟，"速生鸡"已被山东六和集团收购并供给肯德基。同期，央视也曝光了河南某兽药厂添加违禁抗生素事件。两起事件形成连锁式影响

续表

序号	事件类型	年份	事件名称	事件简述及影响
12	兽药滥用	2014	"水产品兽药超标"事件	2014年下半年深圳、上海食品药品监督管理局在抽检中发现海鲜市场中及部分知名超市所售水产品含有孔雀石绿、硝基呋喃等禁用药物，食药监局对不合格水产品采取下架、召回措施，对相关企业立案查处。深圳、上海两地也开始加大对水产品的抽检力度
13		2014	"抗生素鸭"事件	2014年12月央视曝光南京部分养鸭场不执行休药期规定，造成鸭体内及鸭蛋药物残留超标，农业部派出督导组开展现场调查，查处违规行为，并要求各地强化养殖环节兽药使用监管
14		2015	"瘦肉精"事件	2015年9月金锣公司生产的生鲜肉被抽检出含有瘦肉精。金锣公司表示立即停产，封存所有在产和库存产品，并积极配合调查，但并未召回已售产品
15		2015	"金字火腿兽药超标"事件	2015年10月金字火腿公司生产的金华香肠被检出使用违禁兽药沙丁胺醇，金字火腿公司表示兽药超标为偶发性事件，将进一步加大原料管理力度
16	病死牲畜处置不当	2013	"黄浦江死猪"事件	2013年3月上海黄浦江松江段水域漂浮大量死猪，该事件在全国范围引发连锁反应，后续报道出多省水域出现病死牲畜
17		2013	"病死猪肉"事件	2013年5月公安部披露福建40吨病死猪肉流入湖南、广东、江西等地餐桌，后查获32吨尚未出售病死猪肉，引发公众对政府雇员以权谋私、监管缺失的质疑
18		2014	"江西病死猪流入市场"事件	2014年12月央视曝光江西高安等地不少病死猪被猪贩子长期收购，最终流向广东、湖南等地。事件引发恶劣影响，农业部派出督导组开展现场调查，查处违法违规行为，查封多处非法屠宰场，集中无害化处理病死猪肉
19		2015	"福建病死猪肉"事件	2015年4月福建省高级人民法院公布犯罪分子大量收购病猪、死猪加工后销售，共2000余吨病死猪肉流向餐桌。涉案人员被判处有期徒刑，并追查猪肉来源、去向，追究相关人员责任，向不履行监管职责的工作人员问责

续表

序号	事件类型	年份	事件名称	事件简述及影响
20		2013	"镉大米"事件	2013年5月广州市公布第一季度餐饮食品抽检结果,44.4%的大米及米制品发现镉超标,引发社会公众对土壤金属污染的关注
21		2014	"湖南石门河水砷超标"事件	2014年3月湖南省常德市石门县鹤山村土壤砷含量超我国一级土壤环境质量标准19倍,水含砷量超标上千倍,导致全村700多人中近一半人砷中毒,因砷中毒致癌死亡157人。农业部启动农产品产地土壤重金属污染综合防治工作试点
22		2014	"衡阳镉大米"事件	2014年4月湖南省衡阳市衡东工业园周围稻谷、稻田土壤及地表水样本重金属严重超标。绿色和平组织呼吁政府对已查出重度污染的土地实行禁耕,并公开信息
23	农业面源污染	2014	"西湖龙井茶叶污染物超标"事件	2014年6月央视曝光北京市所售的龙井茶抽检不符合国家标准要求,且茶叶生长环境已受到污染,之后多地展开相关检查,发现铁观音、普洱等茶叶均存在污染物超标现象。产区工商部门展开全面调查
24		2015	"辣椒重金属镉超标"事件	2015年8月四川省宜宾市农业局对当年省级绿色食品例行抽检发现三家企业辣椒存在重金属超标,立即约谈属地农业局及生产企业责任人,并取消三家企业年度奖励资格
25		2015	"进口葡萄酒铜超标"事件	2015年8月河南出入境检验检疫局检出2批次葡萄酒重金属铜超标,并对不合格葡萄酒进行退运和销毁处理
26		2015	"贝类镉超标"事件	2015年8月山东省青岛市抽检生鲜水产品发现4批次扇贝镉超标,当地食品药品监管部门已立案调查,并对相关违法商贩予以罚款
27	超用、滥用食品添加剂	2008	"三聚氰胺"事件	2007年底到2008年,很多食用三鹿集团生产的奶粉的婴儿被发现患有肾结石,随后在其生产的奶粉中发现化工原料三聚氰胺。中国国家质检总局公布对国内的乳制品厂家生产的婴幼儿奶粉的三聚氰胺检验报告后,事件迅速恶化,包括伊利、蒙牛、光明、圣元和雅士利在内的多个厂家的奶粉都检出含有三聚氰胺。9月,中国国家质检总局表示,牛奶事件已得到控制

续表

序号	事件类型	年份	事件名称	事件简述及影响
28	超用、滥用食品添加剂	2014	"沃尔玛姜粉二氧化硫超标"事件	2014年4月沃尔玛超市北京市建国路分店销售的"汇营"牌姜粉被检出二氧化硫残留。问题产品很快被下架
29		2014	"含多种儿童牛奶添加剂"事件	2014年4月根据中国广播网报道，记者调查了市场在售的儿童牛奶，发现绝大多数儿童牛奶含有食品添加剂，引发消费者对儿童牛奶各种添加剂是否影响儿童成长发育的关注
30		2015	"水产品非法添加剂"事件	2015年8月国家食品药品监督管理总局抽检出不合格水产品24批次，其中部分水产品抗菌药物诺氟沙星超标，部分水产品含有禁止添加的非食用物质孔雀石绿。总局责令经营者立即停止销售
31		2015	"北京农产品二氧化硫超标"事件	2015年9月北京市食品药品监督管理局发布的食品安全信息显示5种农产品食品二氧化硫超标，已采取停止销售措施
32	违法加工、制假售假	2004	"陈化粮"事件	2004年央视等媒体曝光辽宁省辽中县杨士岗镇佑户坨村将国家粮库淘汰的发霉米加工后重新贩卖，国家工商总局、国家粮食局、国家质检总局分别派出调查组前往当地，共发现94.4吨陈化粮，之后沈阳市开始加强对粮源市场的管理整顿
33		2014	"注水大米"事件	2014年3月全国人大代表将"注水大米"带到两会，指出部分作坊式加工企业为增白、压价，将大米浸泡后销往大型食堂，代表呼吁规范加工作坊，提高加工行业准入门槛
34		2014	"陈土豆莲藕药水浸泡翻新"事件	2014年4月舜网——《济南时报》报道，记者对七里堡、八里桥等蔬菜批发市场调查后发现有商贩将陈土豆用焦亚硫酸钠、柠檬酸等漂白剂浸泡过后充当新土豆贩卖，工商部门对其进行依法查处
35		2014	"福喜"事件	2014年7月，上海电视台曝光上海福喜食品有限公司通过回锅重做、更改保质期标印等手段加工过期劣质肉类，将销往麦当劳、肯德基等快餐连锁店。事件在全国范围内产生恶劣影响。所有涉事产品全部下架，警方进行立案调查，福喜集团内部全面整顿，并着手设立独立于加工基地的质量监控部门

续表

序号	事件类型	年份	事件名称	事件简述及影响
36	违法加工、制假售假	2015	"假鸭血"事件	2015年3月央视曝光北京市呷哺呷哺、小肥羊等连锁火锅店被检测出用猪血冒充鸭血造假。此外，路边麻辣烫抽检的假鸭血被检测出甲醛超标。相关企业已表示停售所有鸭血产品
37		2015	"僵尸肉"事件	2015年6月国家海关总署开展打击冻品走私专项行动，查获42万吨冰冻多年的僵尸肉。海关对所有查获的走私冷冻肉品予以销毁
38		2015	"过期奶二次销售"事件	2015年11月浙江省温州市绿惠饮料公司将过期一个月的早餐奶修改生产日期混充新奶销售。相关责任人已被提起诉讼

资料来源：2014~2016年《中国食品安全发展报告》及互联网。

由表3-4可以看出，在农产品及食品的生产加工环节当中，我国食品安全存在的主要问题可归纳为以下几点：

（1）生产加工主体规模较小。传统的食品工业以作坊式、小规模生产经营为主，而现代食品工业则日趋向大型化、现代化发展。多年以来，我国的食品生产加工行业企业组织形式变化不大，逐渐难以适应现代食品工业发展的需求。根据国务院新闻办公室2007年发布的《中国的食品安全质量状况》，规模以上企业数量仅占企业总数的5.8%，10人以下作坊则占78.8%。尽管全国规模以上食品生产加工企业的数量和比重逐年上升，但食品生产加工行业企业小而散的基本格局并未发生改变，也为食品安全监管增加了难度。小微企业也成为我国食品安全问题的多发地带。

（2）原料加工基地专业化不足，科技投入不够。目前，我国食品生产加工行业与农业之间的联系尚处于初级供需阶段，尚未实现食品原料供应与生产加工的有机结合。我国农产品品种单一、专用品种缺乏的积弊也进一步影响到了食品原料的生产加工环节。此外，我国食品工业的科技投入不足又进一步制约了生产加工环节的食品质量安全发展。

（3）违法行为多样化。由于食品安全问题涉及的环节众多，直接导致了可能产生的违法行为呈现多样化特征。表3-5概括了所有在食品生产加工阶段可能的企业违法行为。

表3-5　食品生产加工阶段企业可能产生的违法行为及环节

阶段划分	不当或违法行为	子分类
生产加工准备阶段	购买不合格原材料	因检测设备不足而购买不合格原料
		利益驱动而购买不合格原料
		利益驱动而废料回收再利用
		无详细采购记录台账
	原料处置不当	储存环境控制不当引起原料处置不当
		食品加工前未进行适当进化处理
生产加工阶段	生产环节不合理或违规操作行为	操作人员操作不规范
		违法违规添加食品添加剂等化学物质
		操作人员生产设备操作不当
		生产过程缺乏质量实时控制
	生产环节环境卫生不达标	环境卫生不符合相关规定
		操作人员卫生不达标
		废弃物未按规定处理，进入流通环节
加工后待销阶段	产品待销前存储方式不当	产品存储温度、湿度不当
		产品加工完后未及时包装导致污染
	产品待销前检测不当	操作技术水平低导致质量检测不足
		为节约成本不愿自检或逃避监管部门监督

　　食品安全问题产生的内在原因在于信息不对称导致的市场失灵与政府监管失灵，企业由于降低成本的利益驱动而引发背德行为。企业违法行为的多样化投射的是企业社会责任的缺失。

　　表3-6则对我国近年来流通及销售环节中发生过的主要食品安全事件进行了梳理。

表3-6　流通及销售环节食品安全事件

序号	年份	事件名称	事件简述及影响
1	2004	"毒奶粉"事件	2004年，各大媒体报道了自2003年5月以来安徽省阜阳市先后收治了171例"大头娃娃"，正是食用了蛋白质等营养元素指标严重低于国家标准的劣质婴儿奶粉导致婴儿身患营养不良综合征。案件引发了全社会的普遍关注
2	2005	"苏丹红"事件	2005年3月4日，亨氏辣椒酱在北京首次被检出含有"苏丹红一号"。不到1个月，在包括肯德基等在内的多家餐饮、食品公司的产品中相继被检出含有"苏丹红一号"。该事件在全国范围内引起极大关注，后经质监、公安部门调查，发现广州田洋食品有限公司一直使用"苏丹红一号"含量高达98%的工业色素"油溶黄"生产辣椒红一号食品添加剂，这正是此次苏丹红事件的源头

续表

序号	年份	事件名称	事件简述及影响
3	2005	"雀巢奶粉碘超标"事件	2005年4月,浙江省工商部门在抽检中发现"雀巢金牌成长3+"奶粉存在碘超标问题,引发社会各界关注,此后雀巢中国有限公司大中华区总裁就此事件向消费者道歉,并承诺可以退货
4	2009	"辐照门"事件	2009年7月,有媒体报道,康师傅、统一方便面调味料包可能经过辐照处理后上市销售,但没有标注"辐照食品"字样,违反了《辐照食品卫生管理办法》《预包装食品标签通则》规定。后康师傅、统一均对外表示,正在全国市场陆续更换标注有"辐照杀菌"字样的新包装
5	2011	"瘦肉精"事件	2011年3月,央视《3·15特别行动》节目报道双汇集团在猪饲料中添加"瘦肉精",国家工商总局市场司迅速成立工作组,4月国家工商总局开展"瘦肉精"综合整治行动
6	2011	"染色馒头"事件	2011年4月11日,央视报道了上海多家超市销售的玉米面馒头系染色制成,并添加防腐剂防止发霉。上海市工商局迅速启动应急预案,控制事态发展,并对涉案人员予以刑事拘留
7	2011	"食品塑化剂"事件	2011年5月,台湾地区有关方面向国家质检总局通报,台湾昱伸香料有限公司制造并销售的食品含有邻苯二甲酸酯类物质,俗称塑化剂。各地工商部门开展了非法添加邻苯二甲酸酯食品的排查与处置工作
8	2011	"地沟油"事件	2011年6月,《新华视点》揭开京津冀地沟油产业链黑幕,调查发现,天津、河北、北京都存在地沟油加工窝点。8月下旬开始,公安部指挥全国公安机关开展了打击地沟油犯罪破案会战。国家工商总局发布通知,指导各地工商部门加大整治工作力度,严厉打击违法行为
9	2012	"毒胶囊"事件	2012年4月15日,央视《每周质量报告》曝光河北部分企业用生石灰处理皮革废料熬成工业明胶,卖给绍兴新昌一些企业制成药用胶囊。后经中国检验检疫科学研究院综合检测中心确认,共9家药厂的13个批次药品存在胶囊重金属铬含量超标。多省份展开调查依法查处违法企业,"毒胶囊"基本被清理出市场
10	2012	"毒蜜饯"事件	2012年4月24日,央视曝光了山东省、杭州市等地部分工厂蜜饯生产环境污秽不堪,且食品添加剂严重超标。浙江省义乌市工商局立即部署开展清查整治工作,要求商家立即对问题蜜饯予以下架、停售、召回与退市
11	2012	"立顿农药门"事件	2012年4月,国际环保组织"绿色和平"茶叶抽样调查结果显示立顿各类茶共含有17种不同农药残留。国家工商总局立刻要求广州市工商局对立顿袋泡茶进行抽检,检测结果未显示农药超标。有关人士称检测结果不同源于检测标准的不一致

续表

序号	年份	事件名称	事件简述及影响
12	2012	"松香鸭"事件	2012 年 4 月，央视对湖南省长沙市杨家山禽畜批发市场一些商户采用工业松香给鸡鸭拔毛并送往超市及饭店的情况予以曝光。长沙市工商部门对全市进行了清查，并查处违法商户
13	2012	"白酒塑化剂"事件	2012 年 11 月，"21 世纪网"在"酒鬼酒"实际控制人中糖集团子公司北京中糖酒类有限公司购买了一瓶 438 元的酒鬼酒送到上海天祥质量技术服务有限公司进行检测，检测报告显示塑化剂 DBP 明显超标。湖南省质量技术监督局立即督促企业查明原因并认真整改。此后多家超市对"酒鬼酒"产品做出下架处理
14	2013	"南山问题奶粉"事件	2013 年 6 月，广东省广州市工商局对市场上乳制品及含乳食品抽检中发现"南山奶粉"被抽检的 5 个批次"倍慧"婴幼儿奶粉全部含有强致癌物质黄曲霉毒素 M1，针对此事件，广州、长沙两地食品安全、工商、质检部门展开彻查，问题产品被勒令下架，并采取严厉处罚
15	2013	"烂果门"事件	2013 年 9 月，汇源、安德利和海升三大果汁生产商被报道向果农大量收购腐烂"瞎果"再制成浓缩果汁。在国家食品药品监督管理局的组织下各地展开彻查。经初步调查，几家公司现场并未发现腐烂原料水果
16	2013	"济南狐狸肉"事件	2013 年 12 月，山东济南消费者从当地沃尔玛购买肉制品后发现味道、色泽不对，送至山东省出入境检疫局检测，检出狐狸肉成分。沃尔玛发表道歉声明，并下架封存问题食品。后执法部门依法对问题商品供应商进行查处
17	2014	"三聚氰胺酸奶片"事件	2014 年 1 月，国家食品药品监督管理总局检出广东省潮州市博大食品有限公司生产的酸奶片糖果中"三聚氰胺"超标，立即部署广东省对涉案企业及产品流向展开调查，最终确认"三聚氰胺"来自原料植物脂末，经由山东、河北、广东等多地经销商销往博大食品有限公司。随后广东省食品药品监管部门依法对博大公司吊销许可证，查扣问题产品，并责令召回全部问题产品
18	2014	"魔爽烟"事件	2014 年 1 月，新浪新闻中心报道部分地区中小学周边出现名叫"魔爽烟"的果粉食品，经检测为不合格食品，长期食用会引发呼吸道和食道疾病，为此国务院食品安全办、教育部和食品药品监督管理总局联合发文部署全国范围内对"魔爽烟"的依法查处工作
19	2014	"黑心油"事件	2014 年 9 月，台湾地区爆发"馊水油"事件，消费者陷入食品安全恐慌。时隔一个月，岛内又查获顶新集团子公司正义油品厂将饲料油掺杂在猪油内制成食用油销售。台湾发生大规模抵制顶新产品运动。国家质检总局于 2014 年 10 月发布通告，称 2013 年以来大陆方面未从台湾进口过食用猪油脂，并已暂停台湾正义公司其他食用油进口

续表

序号	年度	事件名称	事件简述及影响
20	2015	"食用油掺杂掺假"事件	2015 年 5 月 7 日，中央电视台《焦点访谈》报道广西梧州、广东肇庆两地农贸市场一些花生油生产经营单位涉嫌制作掺杂掺假"土榨花生油"。8 日广东省食品药品监督管理局发文要求各地开展专项整治工作，共立案查处生产经营者 945 家
21	2015	"冒牌奶粉"事件	2015 年 9 月 9 日，上海市公安局接到举报称雅培公司产品被人假冒，此后数月间公安机关先后抓获涉案人员共 9 人，犯罪分子在市场购买低价婴幼儿配方奶粉转入放置"雅培"罐体以次充好。此前亦发生过冒牌"贝因美"奶粉事件

资料来源：2014～2016 年《中国食品安全发展报告》及互联网。

流通销售环节我国食品安全存在的主要问题：

（1）流通环节经营主体构成复杂。我国食品流通环节经营主体构成复杂，进一步加大了监管难度。食品流通环节经营主体同时包括了商场、超市、批发市场、个体商户、农村合作社等多种经营业态，情况错综复杂，容易导致生产加工环节已经存在的安全隐患在流通环节显现。同时我国的食品流通环节经营单位多为中小企业，个体工商户比例占据绝对优势，呈现小、散、多的特点，这些商户相对而言食品安全管理意识淡薄、投入低且自律意识差，是食品安全问题的多发地带。小作坊和食品摊贩也成为食品监管和检测的盲区。

（2）监管能力不足。流通环节食品安全监管能力不足主要体现在执法资源不足和监管工作不到位两个大的方面。前者具体反映为地方专业监管机构设置不全、基层执法力量配置不足、专业执法人员数量不足、监管经费不足以保障监管需求、监管设备及技术水平不足、信息化监管水平有待提升等方面；后者主要体现在对经营者监管不到位及食品安全应急处置能力不足几个方面。

（3）监管长效机制缺失。一直以来各级食品药品监管部门、工商部门、质量监督部门进行食品安全检测控制的主要方式都是定期或不定期抽检。但长期以来我国食品市场监管一直是新闻曝光—政府干预—企业整改的不断循环，缺乏能够从源头上预防控制、无缝覆盖的长效监管机制。这一问题尤其体现在基层和农村。

（4）监管体制改革、监管职能转变不一致。从中央到地方的食品安全监管体制改革明确了食品药品监督管理部门的职能和地位，但仍存在监管职能转变和衔接的各种问题，这集中体现在工商部门。工商部门一直以来负责流通环节的食品安全监管工作，2014 年《国务院机构改革和职能转变方案》规定了工商部门的职能划转，但并未明确工商部门在流通领域食品安全监管职能划转的具体时间表，造成各地区在执行上缺乏统一标准，执行时间存在明显滞后。此外，相关法律法规也尚未相应进行完全修正，造成各部门执法过程中的缺位风险。

在本章中笔者对近年来我国食品安全监管的总体投入力度进行了分析，同时也整理概括了历年来在生产、加工、流通、销售诸环节中所发生的食品安全问题。笔者将在下一章中分别从企业和消费者两个视角对我国食品安全监管的效果进行实证分析。

第四章 我国食品安全监管效果评价

第一节 企业角度的我国食品安全监管效果评价

食品安全监管等社会性规制本身更加倾向于一种公共部门行为，根据 Tirole（1994）的论述，对公共部门内部形成激励的困难很大程度上来自于公共部门的多任务和绩效的难以测度，Dixit（2002）也指出相比单一任务，多任务造成了绩效观测难度的提升，对于以保障职工和消费者健康安全为目标的公共部门而言，确定是否实现目标更加存在着争议。对于食品安全监管而言，监管机构不仅要同时肩负对生产、加工、流通和消费等多个环节存在的食品安全问题的监督和控制职责，同时也面临着维持行业稳定发展、保障企业生存能力等其他附属任务。因此，依照监管影响评价的框架对于我国食品安全监管的影响进行全面科学评估，在目前的研究条件下是一个难以完成的任务。

有鉴于此，本书中将监管效果划分为以最小的成本实现监管目标和监管目标是否实现两个层次的含义。前者可以界定为监管效率评价，后者则可以定义为狭义的监管效果评价。以此框架来进行我国食品安全监管效果的评价。

Ragona（2008）将食品安全监管的潜在影响划分为九种。其中消费者角度包括：保障公共健康，降低死亡率和发病率；对具体家庭和消费者的消费行为和福利的影响。企业角度包括对企业竞争行为和市场结构的影响，对企业的成本和收益的影响。其他角度包括对国际贸易的影响，对技术创新的影响，对公共部门行政成本的影响，对环境的影响，其他经济影响。在开放经济条件下食品安全监管对于国际贸易的影响不在本文的分析范围之内。因此，本章将分别从企业和消费者两个角度，侧面衡量我国食品安全监管实施的效果。其中在第一节"企业角度的我国食品安全监管效果评价"中，从食品安全监管投入产出的效率方面进行效果评价。第二节"消费者角度的我国食品安全监管效果评价"则对我国食品安全监管的间接目标实现情况（即食品安全监管是否显著影响食品消费，改善消费者的营养水平和健康状况）进行考察，并辅以城乡消费者对食品安全满意度的调查，来侧面反映消费者视角下我国食品安全监管的实际效果。

从企业角度评价我国食品安全监管的效果，主要的出发点在于食品安全监管是否有效提高了我国食品生产加工企业生产产品的质量水平及检测合格率，是否有利于我国食品工业的发展。本章沿用第三章中所设定的有关我国食品安全监管的投入与产出指标，并结合数据包络分析方法，分析在一定的监管投入强度下，从企业角度衡量的监管产出。这种分析思路更接近"如何以在固定的投入或成本下实现监管目标"的监管效率分析，同样属于前文所界定的监管效果评价的范畴。

一、数据包络分析方法介绍

数据包络分析法（DEA）是 Charnes 等以相对效率概念为基础发展起来的一种效率评价方法，形成了通过分析生产决策单元（DMU）的投入与产出数据，来评价多输入与多输出决策单元之间相对有效性的评价体系。此种评价体系以数学规划为工具，利用观测样本点所构成的"悬浮"于所有样本上的分段超平面来评价决策单元的相对有效性。DEA 作为研究同类型生产决策单元相对有效性的工具，通过综合分析各决策单元的投入产出数据从而得到每个决策单元效率的相对指标，并据此进一步确定相对有效的决策单元，近年来逐渐被广泛应用于经济效率评价领域。

DEA 在处理多种投入和多种产出的问题上具有独特优势，主要体现在以下两个方面：一是 DEA 以决策单元的投入产出权数为变量，从最有利于决策单元的角度进行评价，从而避免确定各指标在优先意义下的权数；二是 DEA 不必确定投入与产出之间可能存在的某种显式关系，排除许多主观因素，因而具有较强的客观性。

因此 DEA 可看作一种新的统计方法。传统的统计方法是从大量样本中分析出样本整体的一般情况，其本质是平均性，DEA 则是从样本中分析出样本集合中处于相对有效的个体，其本质是最优性。DEA 通过将有效样本与非有效样本进行分离的线性规划方法判定决策单元是否位于生产前沿面上，因为无须假设生产函数的性质，作为一种非参数方法抵御了对于生产函数进行假设存在偏误从而影响评价结果的风险。

常用的 DEA 模型包括 C^2R 模型和 B^2C 模型。

其中，C^2R 模型是不考虑规模收益的分析模型。假设有 n 个决策单元 DMU_j（$j = 1, 2, \cdots, n$），每个 DMU 都有 m 个投入项，$X_j = (x_{1j}, x_{2j}, \cdots, x_{mj})^T$，以

及 s 个产出项 $Y_j = (y_{1j}, y_{2j}, \cdots, y_{sj})$，则第 j_0 个 DMU 的效率评价模型为：

$$
\left.
\begin{aligned}
\max \ & \mu^T Y_0 \\
s.t. \ & \omega^T X_j - \mu^T Y_j \geq 0 \\
& \omega^T X_0 = 1 \\
& \omega^T \geq \varepsilon e^T, \ \mu^T \geq \varepsilon e^T
\end{aligned}
\right\}
\tag{4-1}
$$

其中，ε 为阿基米德无穷小，e 为元素为 1 的向量，该规划问题的对偶问题为：

$$
\left.
\begin{aligned}
\min \ & \theta - \varepsilon \ (e^T s^- + e^T s^+) \\
s.t. \ & \sum_{j=1}^{n} Y_j \lambda_j + s = \theta Y_0 \\
& \sum_{j=1}^{n} Y_j \lambda_j - s^+ = Y_0 \\
& \lambda_j \geq 0 \ (j = 1, 2, \cdots, n), \ s^+ \geq 0, \ s^- \geq 0
\end{aligned}
\right\}
\tag{4-2}
$$

该模型满足凸性、锥性、无效性和最小性假设条件。若不考虑松弛变量 s^+ 和 s^-，则上式可以简化为：

$$
\left.
\begin{aligned}
\min \ & \theta \\
s.t. \ & \sum X_j \lambda_j \leq \theta X_0 \\
& \sum Y_j \lambda_j \geq Y_0
\end{aligned}
\right\}
\tag{4-3}
$$

可以解释为在生产可能集 $T(X, Y)$ 内，保持产出 Y_0 不变，将投入 X_0 按等比例 θ 减少，直到 θ 达到最小值 $\theta^* = 1$，此时被评价的 DMU 即为有效单元，否则为无效单元。或可解释为第 j_0 个决策单元的产出向量 Y_0 被其他决策单元的产出向量组合从"上方"包络，而其投入向量 X_0 被其他决策单元的输入向量组合从"下方"包络，当 X_0 和 Y_0 不能被同时包络时，则第 j_0 个 DMU 即为有效决策单元。

当去掉生产可能集 T 的锥性假设时，T 只满足凸性、无效性和最小性以及最小性假设，由此便可得到满足规模收益可变的 B^2C 模型：

$$
\left.
\begin{aligned}
\min \ & \theta - \varepsilon \ (e^T s^- + e^T s^+) \\
s.t. \ & \sum \lambda_j X_j + s^- = \theta X_0 \\
& \sum \lambda_j Y_j - s^+ = Y_0 \\
& \sum \lambda_j = 1 \\
& \lambda_j \geq 0 \ (j = 1, 2, \cdots, n), \ s^+ \geq 0, \ s^- \geq 0
\end{aligned}
\right\}
\tag{4-4}
$$

其对偶形式为：

$$\left.\begin{array}{l} \max \mu^T Y_0 - u_0 \\ s.t. \ \mu^T Y_j - \omega^T X_j - u_0 \geq 0 \\ \quad\quad \omega^T X_0 = 1 \\ \quad\quad \omega \geq \varepsilon, \ \mu \geq \varepsilon \end{array}\right\} \quad\quad\quad (4-5)$$

u_0 为规模收益指示变量，若 u_0^* 为式（4-5）的最优值，则 $u_0^* < 0$ 表示规模收益递增，$u_0^* = 0$ 表示规模收益不变，$u_0^* > 0$ 表示规模收益递减。

二、企业角度食品安全监管效率的数据包络分析

本节通过衡量食品安全监管活动中的投入与企业角度的监管产出之间的对比关系来反映食品安全监管效率。有关食品安全监管投入产出的指标将参照第三章中的统计数据。数据指标和时间跨度的选取主要考虑以下两个因素：①使用数据包络分析方法需要 DMU 也即时间跨度为投入产出指标总和的倍数；②各投入产出指标对应的数据可获得性有限，如产出指标抽检合格率从不同来源所获得的时间跨度不同，且由于不同部门抽检标准不同，难以统一使用。最终笔者仍选取了所能获得的2000~2009 年的相关数据，并对第三章中的投入、产出指标进行了筛选，食品安全监管的投入指标选择了监督投入力度（主要通过食品安全监管检测件数体现）与技术投入力度（主要通过卫生监督机构和监督技术人员数量体现）两个大的指标，而通过食品安全监管领域的法律、法规、政策、规章增量体现执法投入力度则由于考虑到缺乏统一的衡量标准，可能影响估计结果而未列入其中。

产出则反映了从企业角度食品安全监管目标的实现情况，主要通过食品抽检总体合格率以及经常性检测合格率来体现。未选择食品工业产值指数作为产出指标的原因在于，影响产值有多种因素，而食品安全监管仅对产值产生间接影响。而食物中毒情况虽能够反映出企业所生产加工食品的质量水平和安全程度，但由于对该项数据的统计存在低估的可能性，且受到 DMU 数量与投入产出指标数量的约束，因而也未列入其中。

通过对食品安全监管投入指标与产出指标的分析，具体将投入与产出分别设定为：

投入指标：

X_1 为食品安全抽检总件数；

X_2 为卫生监督技术人员数量。

产出指标：

Y_1 为食品抽检合格率；

Y_2 为食品经常性检测合格率。

运用第三章中所使用的所有有关食品安全监管投入产出指标的统计数据，并经

过相应的处理，得到如表4-1所示的反映我国食品安全监管投入产出效率的数据。

表4-1 投入产出数据

年份	Y_1	Y_2	X_1	X_2
2000	88.87	90.00	176.75	4490803
2001	88.10	90.80	142.10	4507700
2002	89.50	90.40	140.70	4269779
2003	90.45	90.00	142.89	4380878
2004	88.98	88.30	102.40	4485983
2005	87.49	88.50	229.99	4564050
2006	90.80	86.20	106.69	4728350
2007	88.28	91.10	114.76	4913186
2008	91.59	91.30	115.08	5174478
2009	92.30	90.40	354.73	5535124

结合所能获取的有限数据，考虑投入规模效益的情况下，本节采用 DEA 的 VRS 模型对企业角度我国食品安全监管的技术有效性和规模有效性进行了分析，然后经过计算获得了我国食品安全监管的效率结果，结果通过表4-2进行报告。表4-2中的第二列的 Crste 值报告了从 2000~2009 年的我国食品安全监管投入产出综合效率；第三列 Vrste 值反映了我国食品安全监管的投入技术效率；第四列 Scale 值反映了食品安全监管的规模效率值；最后一列则报告了规模报酬递增或递减的情况。笔者又进一步将企业角度衡量的我国食品安全监管效率的变化趋势通过图4-1直观地表现出来。

表4-2 2000~2009年我国食品安全监管投入产出效率

年份	Crste	Vrste	Scale	规模报酬
2000	0.939	0.984	0.954	规模报酬递增
2001	0.893	0.965	0.925	规模报酬递增
2002	0.931	1.000	0.931	规模报酬递增
2003	0.892	0.981	0.909	规模报酬递增
2004	0.980	0.982	0.998	规模报酬递增
2005	1.000	1.000	1.000	规模报酬不变
2006	0.793	0.903	0.879	规模报酬递增
2007	0.948	0.960	0.988	规模报酬递增
2008	0.925	0.968	0.956	规模报酬递减
2009	0.945	1.000	0.945	规模报酬递减

通过 DEA 方法分析获得的效率值其效率前沿取值为 1，具体的效率值反映的是与其他决策单元的相对效率。在本节当中由于比较的是我国在一个时间序列上不同年度的纵向相对效率，因此每一个决策单元是某一年内的全国食品安全监管投入产出情况。

由表 4 - 2 和图 4 - 1 可以看出，以投入产出效率来衡量的企业角度的我国食品安全监管效率在 2005 年取值为 1，即为相对有效。其他年份相对于效率前沿均有一定程度的波动。2008 年以前，食品安全监管的投入规模报酬基本均为递增的，这说明我国食品安全监管的投入一直不足。随着食品安全监管力度的加大，以及监管技术人员的不断增加，到 2008 年，开始出现规模报酬递减的情况，也即随着监管投入水平的提高，单纯通过增加投入已经难以有效解决监管效率低下的问题，为了提高食品安全监管效率，政府应该更多地将注意力转移到解决监管机构权责分配问题、激励企业自我规制、充分发挥社会第三方组织力量等方面。

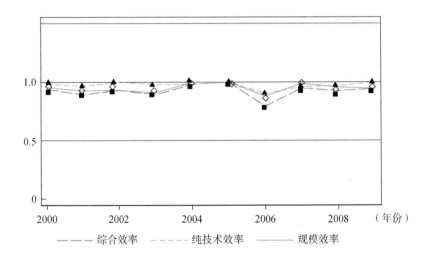

图 4 - 1　食品安全监管效率

从综合效率、技术效率以及规模效率分别来看，企业角度的我国食品安全监管效率从整体上呈现一种波动状态。其中技术效率的变化相对平缓，最小值也在 0.9 以上，基本没有发生显著的变化，因而导致综合效率变动的主要因素来自于规模效率。综合效率与规模效率在 2000 ~ 2004 年经历了波动中逐年提升，到 2005 年达到相对有效。2005 年以后，综合效率与规模效率同时开始下降，并在 2006 年达到最低值，二者分别为 0.793 和 0.879。2006 年以后综合效率与规模效率继续增长，但伴随着 2008 年开始的食品安全监管投入规模报酬递减，规模效率也从 2008 年开始略有下降。直到 2009 年，尽管食品安全监管的投入逐年增加，但仍未达到规模有效。技术效率方面的变化趋势也基本与综合效率变化趋势相仿，于 2002 年第一次达到相对有效，从 2003 年起略有下降，后又于 2005 年第二次达到相对有效，之后经过轻微的下降后再缓慢提高。

结合我国食品安全监管的变迁过程，我们可以进一步探究从企业角度衡量的我国食品安全监管效率变化的内在原因。2000 年以前是我国食品监管体制进行大幅变化和调整的阶段，1995 年通过的《食品卫生法》中明确规定了"国务院卫生行政部门主管全国食品卫生监督管理工作"，因而在相当长一段时间内我国的食品安全监管工作，一直是卫生部门占主导地位。1998 年国务院政府机构改革，一定程度上削弱了原卫生部在国家食品安全监管过程中的重要地位，将原来由卫生部承担的一部分职能移交给其他部门。但这一阶段中，我国食品安全监管整体上所形成的以卫生部门为核心，并由此产生的一套相对集中、统一的监管体系的确给食品安全监管带来了积极的影响。因此从这个时期开始一直到 2004 年左右，我国的食品安全监管效率整体上呈现一种提高的趋势。监管的产出情况也逐年改善，食品安全抽检和经常性检测的合格率不断提高，食品产业也得到快速的发展。

由于食品产业连年的快速发展和不断提高的工业化程度，食品安全监管的工作重心也随之开始发生相应的转变，从单纯的餐饮环节开始扩展到居民生活的方方面面，这无疑进一步增大了政府进行食品安全监管的难度，对政府提出了新的挑战，而卫生部门主导的食品安全监管体制也越来越难以适应新时期的需求。2004 年颁布的《国务院关于进一步加强食品安全工作的决定》，在监管体制上首次明确了"按照一个监管环节一个部门监管的原则，采取分段监管为主、品种监管为辅的方式"，从政策层面确立了分段监管体制的地位，卫生部门的主导作用被进一步弱化，食品监管体制正式转变为多部门分段监管体制。这种监管体制的变动，同时也表明食品安全的概念已经逐步扩展到包括生产、加工、流通、消费在内的整个产业链的各个环节。但是多部门的监管体制也同样存在着部门之间职能交叉、权责不清等各种协调困难，导致了监管主体内部的效率不高问题。因此 2005 年以后，这种体制变迁所带来的诸多问题开始在一定时间内体现出来，2006 年食品安全监管的技术效率和规模效率出现波动和下降的趋势。2007 年以后，随着各种制度的健全，监管的技术效率也逐渐增加，食品安全监管的资源配置效率又重新开始进入增长的轨道。2008 年后，食品安全监管资源投入的规模报酬开始出现递减，这也从另一个方面说明目前我国食品安全监管的主要问题已经由监管投入不足转变为监管体制本身存在的问题。多部门分段监管的体制由于权力配置不尽合理、部门之间权责交叉重叠，未能充分实现对监管投入资源的有效配置，食品安全监管体制改革成为一个新的重要课题。此外，充分发挥被监管者——企业以及社会组织和消费者在监管中的力量，也是改善我国食品安全监管效果的另一种有效途径。

第二节 消费者角度的我国食品安全监管效果评价

一、消费者视角的食品安全效果评价

本节试图从消费者角度对我国食品安全监管的效果进行评价。根据前文关于监管效果的界定，监管效果可以认为是监管政策与手段的实施使监管目标得以实现。对于食品安全监管而言，监管的直接目标的实现情况也即是否促使食品生产加工企业提高对食品安全的重视程度与食品质量，笔者已在上一节中进行了分析。在本节中，将围绕食品安全监管是否显著改善消费者的营养水平和保证消费者的生命健康安全这一监管间接目标的实现情况展开研究。由于食品安全领域微观数据的缺乏，国内对于食品安全监管间接效果检验一直难以展开深入研究。在此背景之下，对国外相关领域文献的研究视角和方法进行借鉴，应为突破现有研究瓶颈的一条可行路径。

近年来，国外一些学者已经开始针对食品安全监管尤其是食品安全信息披露对食品消费以及消费者健康状况的影响展开研究。在食品安全监管对公众的消费选择产生的影响方面，Piggott 和 Marsh 等（2004）发现，相对于价格因素，食品安全信息并不能显著影响美国的猪肉消费需求，即便一些较大的食品安全事故发生时，食品消费会发生波动，但对食品安全因素的考量对于消费产生的影响并不持久。Morgan 等（2012）检验了对可能被污染的牡蛎所进行的信息披露是否有效，研究表明高风险人群的牡蛎消费量确实显著减少，患病概率显著降低。已有的研究在提供不同结论的同时，也证明了研究监管政策对消费需求影响的可行性。

在探究食品安全监管对消费者营养摄入的影响方面，相关实证研究表明，由于营养物质摄入量与消费水平的变动方向具有高度的一致性，收入提高会带来居民食物总消费量的上升，而且营养物质摄入量（尤其是热量）也随之增加。Adrain 和 Daniel（1976）利用美国的消费数据得出随着收入提高，碳水化合物摄入量将显著减少，其他营养物质摄入量显著增加的结论，验证了社会经济因素确实会间接影响消费者的营养状况，并提供了研究这一影响机制的思路。

对于存在安全风险的食品，食品安全监管将会通过消费进一步影响消费者的健康状况。Jin 和 Leslie（2003）发现餐厅卫生程度计分卡确实在促使餐厅改进卫生状况、影响消费选择和提高消费者健康水平方面发挥了积极作用，印证了监管手段造成的消费波动是研究食品安全监管对消费者营养健康水平影响的一个重要因素。Shimshack 和 Ward（2010）采用基于自然实验的 CIC 方法，探究食品安全信息披露对消费者健康的影响，发现有关鱼类食品汞含量的信息披露，使得消费者在鱼类富含的营养（$\Omega-3$ 脂肪酸）与汞含量过高所带来的毒性之间进行权衡取舍，并最终造成公共营养健康的福利损失。该文献对自然实验方法的运用为研究食品安全监管间接效果的实现情况提供了一个独特的视角。

从已有文献的研究结论来看，食品消费量的变动往往与消费者摄入的营养水平变化趋势高度一致，消费变动进而潜在影响了消费者的健康状况。因此经由考察食品安全监管政策对食品消费量的影响，进一步探究监管对于消费者营养水平和健康状况的改善和促进作用，这一研究路径具有内在逻辑上的连贯性和较强的可行性，从而为本节的研究提供了可以借鉴的思路。

基于此，本节将围绕食品安全监管的间接目标实现情况，即食品安全监管政策的实施是否显著影响食品消费量、是否有助于改善消费者营养水平和健康状况这三个方面展开研究，以此来对我国食品安全监管的效果进行检验。本节以我国乳制品消费及相应的安全监管对消费者营养健康水平的影响为例，通过倍差法检验食品安全监管政策的实施效果，使用该方法可以有效解决外生政策冲击难以量化的问题，避免由于无法对所有影响因素进行控制所导致的估计偏误。本节同时采用中国健康和营养调查数据，该数据库一直被广泛应用于健康经济学与劳动经济学等研究领域，其中涉及大量家庭和个人的食品消费营养调查数据，借助该数据库研究食品安全监管间接效果可以有效利用其中有关食品消费、营养水平和健康状况方面的数据，一定程度上弥补了食品安全监管效果研究过程中微观数据不足的缺陷。

（一）消费者视角监管效果评价的数据来源、样本筛选及变量设置

1. 数据和样本筛选

本节使用中国健康和营养调查数据集。该调查采用多阶段分层整群随机抽样方法从 1989 年开始至今共进行了 9 次调查（1989 年、1991 年、1993 年、1997 年、2000 年、2004 年、2006 年、2009 年、2011 年），调查共覆盖九省份（辽宁、黑龙江、山东、江苏、河南、湖北、湖南、广西、贵州）的城镇与农村，该数据集中包含劳动、健康、医疗等多方面的家庭和个人两个层面信息。

本节的研究主要针对于加强乳制品安全监管对消费者的乳制品消费、营养水平及健康情况的影响，研究所用的样本来自于 2004 年、2006 年与 2009 年三个年份的调查数据，为非连续的面板数据，以 2008 年为界，2004 年和 2006 年为政策

冲击之前，2009 年的数据则代表政策冲击后的情况（政策冲击是指 2008 年"三聚氰胺"事件后开始加强的乳品安全监管，主要依据是《乳品质量安全监督管理条例》；由于 2011 年调查未涉及食品消费量和营养摄入情况，因此未列入本节的研究中）。由于 CHNS 数据集的样本容量较大，在进行样本筛选时，删除了带有缺失值的样本，以保证数据的完整性。乳制品消费是本章研究的起点和一个重要方面，CHNS 中的食品消费情况来自营养调查部分，按照中国食物成分表中的食物编码将有关乳制品的消费情况筛选出来（在分析中对乳制品和婴幼儿奶粉进行了区别），最终的样本容量为 1809 个家庭。需要说明的是，本节的分析主要针对家庭情况，因此所使用的数据是家庭层面的数据。

2. 分组设置

自然实验设计的一个核心问题是分组的设置，即实验组与控制组的划分标准，外部的政策冲击在研究中可以通过分组设置进行体现。经过分组设置后，实验组表示受到冲击的样本，而控制组则表示未受冲击的样本。本节主要研究食品安全监管对乳制品消费、营养水平和健康状况的影响，外部冲击为食品安全监管政策。样本是否受到冲击，即消费者是否受到食品安全监管的影响很难找到一个具体而明确的方法来表现。考虑到研究主要集中于有关乳制品的安全监管和乳制品这一类食品的消费情况，而对于乳制品其消费敏感性较强的群体是未成年人，因此本章将家庭中是否有儿童，作为一种分组标准。这种划分参考了 Shimshack 和 Ward（2010）对于倍差法分组的设置（他们将孕妇设为实验组来研究对鱼类罐头的消费，显然孕妇更关注罐头的汞含量问题）。通常有儿童的家庭更容易关注有关乳制品安全的信息，这种划分造成的组间差异不仅体现在乳品的消费量上，更主要是体现在对于乳制品的消费敏感性和对食品安全监管政策的关注度上。经过分组与时间设定，所有样本基本被划分为四个类别，即政策冲击前的实验组、政策冲击前的控制组、政策冲击后的实验组和政策冲击后的控制组。

（二）变量选取及数据处理

本节的研究涉及监管政策对于消费以及营养、健康的影响，因而考察的因变量同时包括乳制品的消费情况、消费者营养水平和健康状况三个方面。CHNS 中关于膳食消费的调查包括家户调查和个体调查两种，家户调查采用食物存量法，而个体调查则由个人回忆过去 24 小时的消费数据。CHNS 的膳食家户调查在人均消费方面由于外出饮食次数的增多而存在误差，因此本节中乳制品的消费情况采用个人层面数据，然后再进行加总获得相应的家庭食品消费数据（单位是 g）。本章采用 CHNS 所计算的 4 种主要营养成分摄入水平来衡量消费者的营养水平：能量（千卡），碳水化合物（g），蛋白质（g），脂肪（g），具体以家庭为单位加总的能量、碳水化合物、蛋白质和脂肪摄入量。对乳制品消费量和营养成分摄入水平均进行了对数处理。

对于健康水平的衡量，在已有文献中常见使用的方法包括个体自评健康水平以及生活质量指标（QWB）（Robert 等，1988）等，一方面由于 2009 年的 CHNS 调查中没有包括自评健康这一项目，从而我们无法测度个体自评健康以及构造 QWB 指数；另一方面由于本节的研究主要针对个体是否因乳制品的安全问题导致食源性疾病的产生，所以笔者最终选择最近四周内是否有胃痛现象等食源性疾病来作为衡量健康水平的指标。

在控制变量方面，本节参考已有的相关文献进行设置。检验对乳制品消费及家庭营养水平影响方面，对于食品消费的研究往往基于对食品消费函数的推断，因而收入水平是一个重要的变量。本节采用经过平减后的家庭总收入并取对数来表示收入水平（程立超，2009），收入的单位是元，也做了对数处理。由于本节采用倍差法进行估计，假设不同家庭所面对的食品价格水平相同，因此并未将价格水平作为控制变量。此外在考察政策冲击对于家庭乳制品消费及营养水平的影响时，还将家庭中是否有人患病（尤其是胃痛等因进食引发的食源性疾病）列为控制变量。

在检验对健康状况的影响方面，赵忠和侯振刚（2005）基于 Grossman 模型（Grossman，1972），提出检验对于健康影响应该考虑的变量，包括个体年龄、工资（收入水平）、卫生服务价格以及教育水平，考虑到倍差法对于个体特征的假设，笔者并没有加入卫生服务价格这一控制变量，为了更好地控制其他影响个体健康水平的因素，还引入了是否有医保这一虚拟变量。在这里医保并不特指某一种医疗保险，即只要该被调查对象拥有某一种医保，则该虚拟变量取值为 1。其他所有表示家庭差异的人口社会学特征变量包括：户主年龄及其平方项，表示家庭所在省份的虚拟变量，表示家庭是否在城市的虚拟变量，家庭规模即成员数量，家庭成员最高学历。表 4 - 3 显示了分组后实验组与控制组的样本量、变量的数据处理，表 4 - 4 则报告了不同变量的分组描述统计情况。

表 4 - 3　分年度描述性统计

分组虚拟变量 ＼ 年份	2004	2006	2009	Total
控制组	380	407	419	1206
实验组	229	195	179	603
总体样本	609	602	598	1809

表4-4 分组描述性统计

年份 变量	2004		2006		2009	
	控制组	实验组	控制组	实验组	控制组	实验组
乳制品消费	852.06 (660.96)	888.25 (709.79)	771.03 (559.56)	766.59 (628.89)	756.71 (630.87)	831.74 (697.02)
能量	5319.00 (2716.59)	7276.06 (2484.15)	4956.42 (2334.69)	7187.47 (2571.89)	5361.00 (4027.82)	7563.11 (2854.02)
碳水化合物	654.26 (340.78)	948.09 (348.60)	610.23 (310.10)	940.08 (394.24)	645.59 (381.59)	976.60 (412.20)
脂肪	215.73 (165.12)	273.23 (135.50)	197.04 (115.92)	267.68 (109.08)	225.41 (342.62)	284.29 (149.59)
蛋白质	178.18 (92.34)	240.50 (88.01)	167.00 (78.07)	238.52 (90.42)	176.68 (100.28)	260.75 (98.31)
健康水平	0.43 (0.50)	0.38 (0.49)	0.33 (0.47)	0.33 (0.47)	0.34 (0.47)	0.41 (0.49)
地域（t1）	34.17 (9.20)	34.18 (9.47)	34.00 (9.09)	33.88 (9.20)	33.37 (9.97)	35.57 (9.15)
城乡	0.62 (0.49)	0.59 (0.49)	0.63 (0.48)	0.52 (0.50)	0.62 (0.49)	0.45 (0.50)
家庭规模	2.63 (1.05)	3.60 (1.11)	2.67 (1.03)	3.75 (1.26)	2.72 (1.19)	3.98 (1.11)
户主年龄	63.68 (12.89)	51.83 (13.40)	61.92 (12.97)	50.39 (13.37)	59.80 (13.22)	51.30 (13.48)
家庭学历	26.33 (7.78)	26.77 (4.18)	26.21 (7.54)	27.05 (4.07)	25.90 (8.08)	26.32 (5.03)
家庭收入	36116.64 (30030.58)	33246.78 (27413.22)	37920.47 (34884.30)	35750.00 (30211.00)	46215.32 (40087.24)	49538.74 (41923.23)
医疗保险	0.76 (0.43)	0.70 (0.46)	0.82 (0.38)	0.81 (0.40)	0.97 (0.17)	0.99 (0.11)

注：①表中报告的为均值，括号中为标准差；②健康水平是表示样本家庭中最近四周之内是否有人患病的虚拟变量。

同时，笔者也通过乳制品消费以及各种营养成分实验组与控制组的概率密度函数图来反映两组样本在被解释变量方面的分布差异，以此直观反映实验组和控制组在被解释变量上的差异情况。如图 4-2 所示。

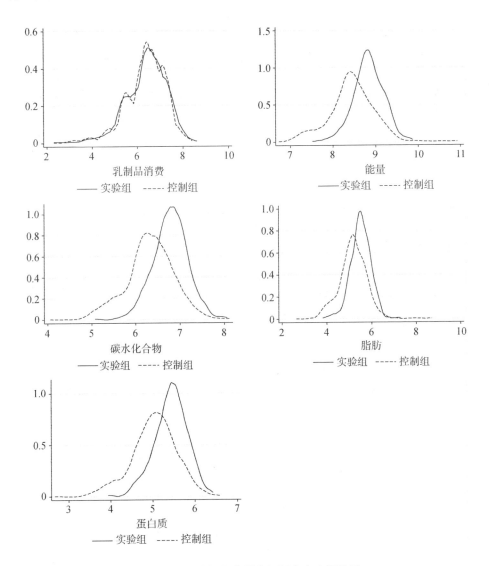

图 4-2　各被解释变量分组概率密度函数图

（三）消费者视角的监管效果评价方法及评价结果分析

1. 倍差法估计模型及效果评价结果

倍差法通常用来研究外部政策冲击（treatment）所带来的影响，通过将样本按照是否受到冲击划分为实验组（treatment group）与控制组（control group），可以发现冲击对产出（outcome）带来的影响。

首先使用面板数据随机效应模型进行估计：

$$y_{ijt} = \beta_0 + \beta_1 HHchild_{ijt} + X_{ijt}\gamma + \delta_j + \lambda_{ij} + \varepsilon_{ijt} \tag{4-6}$$

其中，y_{ijt} 为在 t 时间 j 省区家庭 i 被解释变量 y 的值，本节中所研究的被解释变量包括家庭乳制品消费量，消费者的营养情况（能量、碳水化合物、脂肪和蛋白质），以及代表消费者健康水平的是否患病情况。$HHchild_{ijt}$ 为代表该家庭在时间 t 是否育有儿童也即是否受到食品安全监管政策影响的虚拟变量，实验组该值取 1，控制组则为 0。X_{ijt} 为家庭随时间变化的特征向量，具体在前文变量设置部分已经进行了介绍。δ_j 为代表家庭所在省份的固定效应，λ_{ij} 为家庭不随时间变化的特征，本节中主要是家庭是否为城市户口，即 ε_{ijt} 为误差项。作为一种稳健性检验，本节也同时使用了普通的混合 OLS 方法进行估计。由于表示健康状况的变量是家庭中是否有人患病的虚拟变量，本章同时也对健康状况模型进行了 Logit回归。

本节研究中较为关心的是运用倍差法来对比实验组与控制组之间差异的估计结果。模型具体设定为：

$$y_{ijt} = \beta_0 + \beta_1 HHchild_{ijt} + \beta_2 Year_{06} + \beta_3 Year_{09} + \beta_4 HHchild_{ij} \times Year_{06} + \beta_5 HHchild_{ij} \times Year_{09} + X_{ijt}\gamma + \delta_j + \varepsilon_i \tag{4-7}$$

其中，$Year_{06}$ 与 $Year_{09}$ 分别表示观测样本来自 2006 年或 2009 年的虚拟变量，若 $Year_{09}$ 为 1 则表示数据来自 2009 年，若 $Year_{06}$ 为 1 则表示数据来自 2006 年，二者均为 0 表示数据来自 2004 年。$HHchild_{ijt}$ 与 $Year_{06}$、$Year_{09}$ 的乘积是倍差法需要的交乘项，其系数 β_2 与 β_3 反映了时间的净效应，β_4 与 β_5 则是倍差法主要考察的参数，反映了政策冲击所带来的差异 ATT（Average Treatment Effect on the Treated），是实验组与控制组在政策冲击前后的总体差异，其显著性也直接决定了政策实施的效果。表 4 - 5 给出了通过 OLS，面板数据随机效应模型以及倍差法估计的食品安全监管对家庭乳制品消费、营养水平以及健康状况的影响情况。

表 4 - 5　OLS、随机效应模型及倍差法回归结果

变量	(1) OLS1	(2) Panel1	(3) DID1	(4) OLS2	(5) Panel2	(6) DID2	(7) DID3	(8) Logit
分组变量	0.114 ** (2.147)	0.105 * (1.894)	0.103 (1.305)	0.174 *** (7.837)	0.170 *** (7.490)	0.170 *** (5.294)	-0.001 (-0.055)	-0.001 (-0.005)
城乡	0.154 *** (3.269)			-0.078 *** (-3.987)				
家庭规模	0.003 (0.135)	-0.013 (-0.604)	-0.010 (-0.481)	0.207 *** (24.163)	0.213 *** (24.794)	0.214 *** (24.999)	0.013 ** (2.145)	0.143 * (1.907)

续表

变量	(1) OLS1	(2) Panel1	(3) DID1	(4) OLS2	(5) Panel2	(6) DID2	(7) DID3	(8) Logit
户主年龄	0.013 (1.059)	0.009 (0.694)	0.008 (0.594)	0.018*** (3.651)	0.018*** (3.300)	0.017*** (3.166)		
户主年龄平方	-0.000 (-0.941)	-0.000 (-0.402)	-0.000 (-0.338)	0.000*** (-4.041)	0.000*** (-3.747)	0.000*** (-3.657)		
家庭成员最高学历	0.017*** (4.704)	0.016*** (4.201)	0.015*** (3.971)	0.011*** (7.534)	0.009*** (6.236)	0.009*** (5.924)	0.001 (1.239)	0.018 (1.082)
家庭收入水平	0.096*** (3.974)	0.098*** (3.987)	0.106*** (4.261)	0.045*** (4.454)	0.045*** (4.490)	0.050*** (4.857)		0.005 (0.043)
家中是否有人患病	-0.128*** (-2.915)	-0.139*** (-3.175)	-0.146*** (-3.337)	0.042** (2.276)	0.042** (2.368)	0.038** (2.124)		
时间虚拟变量2006			-0.077 (-1.343)			-0.061*** (-2.619)	-0.027 (-1.357)	-0.285 (-1.141)
时间虚拟变量2009			-0.130** (-2.174)			-0.063*** (-2.591)	-0.045** (-2.186)	-0.595** (-2.246)
ATT2006			-0.079 (-0.795)			-0.015 (-0.377)	0.033 (0.989)	0.251 (0.637)
ATT2009			0.031 (0.293)			-0.016 (-0.377)	-0.021 (-0.612)	-0.232 (-0.508)
是否有医保							0.026 (1.316)	0.324 (1.198)
常数项	4.609*** (11.272)	4.599*** (10.554)	4.656*** (10.658)	6.633*** (38.732)	6.699*** (37.623)	6.735*** (37.766)	0.016 (0.489)	-2.815*** (-2.829)
样本数	1792	1792	1792	1792	1792	1792	1809	1792
R^2	0.109			0.492				
R^2_a	0.101			0.487				
F	13.605			107.383				

注：括号中报告的 t 值：* $p<0.1$、** $p<0.05$、*** $p<0.01$。

①受篇幅所限，对营养的影响只报告了能量，没有报告碳水化物、脂肪、蛋白质这三项；②所有有关省份地域的虚拟变量没有在表格中报告。

表4-5 的前三列汇报了用三种方法进行估计的食品安全监管对乳制品消费的影响，中间三列汇报了对代表性营养成分——能量的影响情况，从回归的结果

来看，监管对于乳制品消费及营养水平的提高均有较为显著的积极影响。分组变量的系数反映了实验组与控制组之间的差异，采用三种回归方法的估计系数均大于0，说明实验组家庭乳制品消费对乳制品安全监管更为敏感，但是使用倍差法估计时系数并不显著。食品安全监管对于消费者而言，更多是作为一种传递食品质量信息信号的工具，消费者获取有关食品安全的信息后，其消费倾向未必是扩大消费量，而是更加注重食品的质量，因此2009年乳制品消费量的增加更多体现的是消费者在食品安全危机后消费信心的回升。同时可以看到，同一年度内实验组家庭的营养水平显著高于控制组，也说明了食品安全监管具有积极作用。最后两列反映了监管政策对家庭成员健康状况的影响，分组变量的系数为负，由于本节使用家庭中是否有成员患病来反映健康的一个反向效果，所以系数为负表明相比控制组，实验组的患病概率下降。时间虚拟变量的系数反映了不同时间被解释变量的变化情况，笔者发现单一组内，2006年与2009年相比2004年无论在乳制品消费量或是营养水平方向均有细微的下降，变量系数为负，存在这种情况的原因可以归结为两点：一是估计方法本身偏误造成的；二是2008年发生的"三聚氰胺"食品安全事件所带来的影响在2009年可能并未完全消除。2009年家庭的患病概率显著下降，体现出食品安全监管对消费者健康带来的积极影响。重点考察的ATT效应并不显著，由回归结果可以看出，2009年相对于2004年而言，实验组与控制组家庭乳制品消费量有所提高，此外反映家庭成员患病情况的ATT值为负，说明家庭健康水平有所上升，但这种影响并不显著。其他控制变量方面，收入水平越高、成员学历越高的家庭其乳制品消费量也越高，户主年龄、家庭收入水平以及家庭成员学历这些因素也显著影响整个家庭的营养水平。这与以往相关文献的结论基本相符。

由于分组是按照"家庭中是否有儿童"进行的，这种分组方法使得受到食品安全监管影响这一政策冲击具有较强的随机性，也即冲击独立于样本不随时间变化的特征，因而进行DID倍差法估计时使用普通OLS估计也可能得到近似的无偏估计（周黎安、陈烨，2005）。事实上，倍差法要求样本受到冲击是随机的，实验组与对照组协变量特征高度一致这一假设前提在通常情况下也很难得到满足，这样会造成估计的偏误，因此通过回归分析中发现的一些与设想不相符合的估计结果有可能是估计方法的偏误造成的。为了弥补这一缺陷，本节考虑引入倾向得分匹配的方法，从对照组中筛选出与实验组高度一致的样本进行匹配，以提高分析结果的可信度和稳健性。

2. PSM‑DID估计评价结果

倾向得分匹配（PSM）较早被用于分析政策干预带来的影响（Rosenbaum、Rubin，1983），近十年来被广泛应用于劳动经济学等领域中。实验组与控制组之间往往并非高度相似，也即不满足所谓的共同支撑假设（common support assumption），因而人为地分组即便满足冲击（treatment）本身的随机性，也难以说明实验组与控制组之间的真实差异是由冲击造成的。为了尽可能控制除政策冲击以外的其他因素对两组差异造成的影响，传统的倍差法将样本的人口社会学特征及其他影响结果的因素进行控制，但冲击本身的内生性问题却难以根除，因而会导致使用 OLS 去估计 DID 的偏误。作为一种非参数方法，PSM 能够有效解决冲击的内生性问题，同时由于可以对所有除政策冲击以外的影响因素（协变量）进行降维处理，可以更方便、准确地对实验组和控制组进行对比，找到控制组中更为相似的样本与实验组进行匹配，避免了因其他因素带来组间差异的可能性，因而可以令估计结果更加具有说服力。

进一步用 $T = 1$ 表示受到冲击（treatment），用 Y 来表示产出（outcome）也即本节中所涉及的乳制品消费、消费者营养水平和健康状况等被解释变量，X 表示其他协变量即代表样本特征的向量，根据 Rosenbaum 和 Rubin（1983），$p(X) = pr[T = 1|X] E(T/X)$，$p(X)$ 为给定事先的协变量特征条件下受到冲击的概率，也就是倾向得分匹配中的 PS 值。PSM 中计算出的冲击所造成的结果差异 ATT 可以简单表述为：$ATT = E[Y_{1i} - Y_{0i}|T_i = 1] = E\{E[Y_{1i} - Y_{0i}|T_i = 1, P(X_i)]\}$，也即对于实验组而言受到政策冲击与否的产出差值，$T$ 表示所谓的实验冲击，Y_{1i} 为实验组受到冲击后的产出，相应地 Y_{0i} 为未受冲击时的产出（Heckman、Robb，1985）。但对于任何一个样本在同一时间都只能发生唯一事件，即受到冲击或者未受冲击，因此相对于 Y_{1i} 而言 Y_{0i} 为所谓的反事实（counterfactual），PSM 将与实验组高度匹配的控制组未受冲击的情况代替反事实，ATC（Average Treatment effect for the Controls）则表示控制组受政策冲击与否的产出差异，ATE（Average Treatment Effects）为 ATT 与 ATC 按照实验组和控制组样本所占比重计算的加权平均值。

在尝试了三种匹配方法（最近邻匹配、半径匹配、核匹配）之后，选择了半径匹配，将半径设置为 0.005。经过倾向得分匹配以后，对于所有被解释变量，实验组与控制组在控制变量方面的差异基本小于 5%，符合平行性假设，匹配后的对照组更适合作为实验组的反事实效应。图 4-3 显示了进行匹配前后实验组与控制组的概率密度函数图，可以看出进行匹配后，两组的概率分布相对更加接近。经过匹配后倾向得分匹配与 ATT、ATE 的估计结果如表 4-6 所示。

表 4-6　倾向得分匹配分析结果

Variable	组间差异计算方法	实验组	控制组	组间差异值	标准误	t 值
乳制品消费	Unmatched	6.386033	6.343409	0.042624494	0.045886618	0.93
	ATT	6.39234	6.295874	0.096465377	0.068036113	1.42
	ATU	6.349502	6.384634	0.035131808		
	ATE			0.059826194		

续表

Variable	组间差异计算方法	实验组	控制组	组间差异值	标准误	t 值
能量	Unmatched	8.83893	8.428634	0.410296456	0.023533799	17.43
	ATT	8.833086	8.706902	0.126184638	0.032943467	3.83
	ATU	8.527584	8.712578	0.184994263		
	ATE			0.161316078		
碳水化合物	Unmatched	6.785401	6.320405	0.464996584	0.024778696	18.77
	ATT	6.777849	6.620142	0.15770697	0.03487865	4.52
	ATU	6.429045	6.640898	0.211852761		
	ATE			0.190052349		
脂肪	Unmatched	5.516867	5.162201	0.354665919	0.02810107	12.62
	ATT	5.513403	5.408867	0.104535558	0.040511389	2.58
	ATU	5.245629	5.43016	0.184531361		
	ATE			0.152323106		
蛋白质	Unmatched	5.435632	5.027652	0.407980075	0.024530503	16.63
	ATT	5.43189	5.306169	0.125720199	0.034303466	3.66
	ATU	5.128331	5.293116	0.164784955		
	ATE			0.149056535		
患病情况	Unmatched	0.102694	0.084307	0.018386424	0.014391473	1.28
	ATT	0.104712	0.116700	− 0.011987975	0.021074708	− 0.57
	ATU	0.088957	0.086740	− 0.002217407		
	ATE			− 0.005827037		

注：对分布变量和其他协变量进行 Logit 回归是获取 PS 值的前提，这里不再报告 Logit 回归的结果。

在使用 PSM 估计的过程中，重点并不是通过所有协变量因素以及分组变量对产出变量进行解释，而是通过协变量因素进行匹配，令分组能更准确地区分差异。表4－6 中给出了乳制品消费、能量及三种营养成分的摄入水平以及家庭成员患病情况经过倾向得分匹配之后估计的组间差异。倾向得分匹配之后的估计结果一致反映了食品安全监管的积极作用，乳制品消费、能量以及各种营养成分的 ATT 和 ATE 值均为正，说明实验组家庭的乳制品消费量、营养水平均高于控制组家庭。经过对数处理后的营养成分摄入水平差异基本在 0.4 左右，倾向得分匹配虽然降低了组间差异的显著程度，但反映组间差异显著程度的 t 值仍然大于 2.57，说明组间差异在 1%的水平上显著。匹配后乳制品消费的组间差异 t 值为 1.42，说明差异并不显著。与使用 DID 方法估计结果相似的是，家庭成员患病情况的 ATT 和 ATE 值为负，说明实验组患病的概率相对于控制组更低，但是组间差异并不显著。

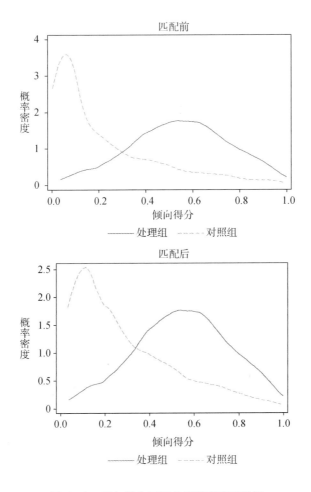

图 4 - 3 倾向得分匹配前后的密度函数图

倾向得分匹配的缺陷之一在于无法明确反映出政策冲击前后的时间差异，因此本章最后使用 PSM 结合 DID 的方法，进一步估计食品安全监管对于家庭乳制品消费、营养水平与健康状况的影响。

Blundel 和 Costa（2000）提出将倾向得分匹配与倍差法进行结合，Heyman 等（2007）运用 PSM 与 DID 相结合的方法检验企业员工工资提高与企业被外资并购的相关性。Bockerman 和 Ilmakunnas（2009）也通过这一方法解释失业冲击对于工人自评健康的影响。在国内，马双等（2010）和李湘君等（2012）分别用 PSM - DID 模型分析了新农村合作医疗对农村居民食物消费和农民就医行为及健康的影响。

PSM - DID 相对于倾向得分匹配的一个重要区别在于 DID 的估计方法放松了 PSM 的假设，允许实验组与控制组之间不随时间改变的产出差异（Heckman et al. ,1997；Heckman et al. ，1998），并通过引入冲击时间前后实验组与控制组的产出差来实现对 ATE 的测度。PSM - DID 的假设为：

$$E(Y_{0t} - Y_{0t'} \mid P(X), D = 1) = E(Y_{0t} - Y_{0t'} \mid P(X), D = 0)（\text{Smith、Todd，2005}）$$

根据 Blundel 和 Costa（2000），重复截面数据用 PSM - DID 方法进行估计的冲击影响可以用下式表示：

$$\alpha_{PSDD} = \sum_{i \in T_1} \Big[\Big(Y_{it_1} - \sum_{j \in T_0} W_{ijt_0}^T Y_{it_0}\Big) - \Big(\sum_{j \in C_1} W_{ijt_1}^C Y_{jt_1} - \sum_{j \in C_1} W_{ijt_0}^C Y_{jt_0}\Big)\Big] w_i$$

式中，w_{ijt} 为实验组或控制组的权重，t_0 和 t_1 分别表示冲击前后，T 表示该组受到冲击，C 则表示未受冲击。具体估计结果如表 4 -7 所示。

表 4 -7 PSM - DID 结果

结果变量（s）		组间差异			时间差异			倍差结果
		控制组	实验组	差异值	实验组	控制组	差异值	
消费	Outcome	6.390	6.382	- 0.008	6.313	6.490	0.177	0.185
	Std. Error	0.073	0.087	0.077	0.075	0.088	0.077	0.108
	P > |z|	0.000	0.000	0.917	0.000	0.000	0.021	0.086
能量	Outcome	8.419	8.802	0.384	8.445	8.849	0.404	0.020
	Std. Error	0.036	0.040	0.037	0.040	0.040	0.040	0.056
	P > |z|	0.000	0.000	0.000	0.000	0.000	0.000	0.724
碳水化合物	Outcome	6.367	6.806	0.440	6.391	6.841	0.450	0.010
	Std. Error	0.042	0.045	0.041	0.042	0.048	0.042	0.059
	P > |z|	0.000	0.000	0.000	0.000	0.000	0.000	0.858
脂肪	Outcome	5.044	5.389	0.345	5.083	5.433	0.350	0.006
	Std. Error	0.046	0.047	0.044	0.044	0.050	0.045	0.064
	P > |z|	0.000	0.000	0.000	0.000	0.000	0.000	0.929
蛋白质	Outcome	5.053	5.413	0.360	5.067	5.505	0.438	0.078
	Std. Error	0.041	0.044	0.038	0.043	0.042	0.041	0.057
	P > |z|	0.000	0.000	0.000	0.000	0.000	0.000	0.170
食源性疾病	Outcome	0.139	0.181	0.042	0.120	0.113	- 0.007	- 0.049
	Std. Error	0.023	0.026	0.024	0.022	0.027	0.025	0.034
	P > |z|	0.000	0.000	0.077	0.000	0.000	0.765	0.146

注：①这里健康状况还同时采用了是否患有胃痛等食源性疾病作为一种补充；②估计出的差分值是 ATE；③使用了 bootstrap500 次来提高估计的稳健性。

表4-7同时反映了PSM-DID估计所得的组间差异Diff（BL）和时间差异Diff（FU），以及倍差结果。其中组间差异反映同一时间上实验组与控制组在乳制品消费、营养摄入量以及患病情况方面的差异，时间差异则反映同一组家庭在2006年与2009年在多个被解释变量方面存在的差异，倍差结果可以理解为，实验组在政策冲击后的2009年与作为实验组反事实效应的控制组在政策冲击前的2006年的差异。

从表4-7中可以看到，组间差异方面除去乳制品消费为-0.008，各种营养成分的摄入水平差异均显著大于0，实验组相比控制组而言摄入营养水平更高，反映了食品安全监管的积极效果。时间差异方面，乳制品消费以及能量、碳水化合物、脂肪、蛋白质四种营养成分的摄入水平，2009年政策冲击后比2006年均显著提高。重点考察的倍差结果方面，乳制品消费以及营养摄入水平也均有所提高，但只有乳制品消费的差异在1%的水平上显著，营养成分摄入水平在双重差分后差异并不显著。因而总体而言无法得出食品安全监管在削减乳制品安全事件对乳制品消费的负面影响、改善消费者营养摄入水平方面发挥显著作用的结论。

由表4-7可以看出，实验组与控制组相比在食源性疾病的整体患病概率方面有轻微的下降，双重差分的结果为负，说明食品安全监管可能通过提高食品质量降低了食源性疾病的发病概率，但这种差异依然不显著。

表4-8　考虑分组（城乡区别）的稳健性检验

结果变量（s）		baseline diff		Follow up diff		倍差结果	
		城市	农村	城市	农村	城市	农村
消费	Outcome	0.057	-0.084	0.038	0.368	-0.019	0.452
	$P > \|z\|$	0.559	0.501	0.725	0.001	0.898	0.008
能量	Outcome	0.460	0.291	0.555	0.261	0.095	-0.030
	$P > \|z\|$	0.000	0.000	0.000	0.000	0.180	0.719
碳水化合物	Outcome	0.498	0.370	0.623	0.287	0.125	-0.083
	$P > \|z\|$	0.000	0.000	0.000	0.000	0.109	0.330
脂肪	Outcome	0.439	0.238	0.480	0.233	0.041	-0.005
	$P > \|z\|$	0.000	0.001	0.000	0.001	0.610	0.960
蛋白质	Outcome	0.444	0.263	0.561	0.322	0.118	0.059
	$P > \|z\|$	0.000	0.000	0.000	0.000	0.093	0.492
患病	Outcome	0.025	-0.047	0.130	-0.047	0.104	0.001
	$P > \|z\|$	0.640	0.476	0.052	0.480	0.212	0.994
食源性疾病	Outcome	0.027	0.063	0.028	-0.036	0.001	-0.098
	$P > \|z\|$	0.362	0.119	0.392	0.369	0.986	0.077

随后笔者又对样本家庭不同组别内按照城乡划分进行了估计作为稳健性检验。分组后的 PSM – DID 估计与未分组的估计结果基本相同，从而验证了前文实证分析的结论，即食品安全监管虽然对恢复消费者信心和改善消费者营养健康状况具有正向作用，但是这种效果整体上并不显著。

本节主要考察了我国近年来不断加强的乳制品安全监管对于乳制品消费量、消费者营养水平与健康状况的影响，并以此对我国食品安全监管的间接效果进行评价。笔者研究发现，食品安全监管对于提高消费者的营养水平、改善消费者健康状况，以及在食品安全危机后恢复消费者信心、提高乳制品的消费量方面具有一定的积极作用，但总体而言，影响效果并不显著。检验监管政策效果尤其是对于消费者健康影响的难点在于消费者与进食有关的健康水平难以度量，本节在研究食品安全监管领域微观数据相对缺乏的条件下进行了一定的尝试，通过实证分析也提供了一些经验事实。虽然食品安全监管本身关系民生，但监管政策对消费者产生影响要经过食品生产加工企业这一中间环节，监管效果评价同时受企业接受监管和消费者风险认知水平等多种因素影响，其影响机制较为复杂，因此对监管绩效评价的方法有待进一步深入研究。

在下一节中，笔者将基于对城乡居民消费者食品安全满意度的调查，通过消费者对当前食品安全程度的认知与判断，从侧面反映消费者角度的食品安全监管效果。

二、城乡居民食品安全满意度差异、影响因素及监管对策

在本节中笔者将承接上文，通过分析城乡消费者当前对食品安全的满意程度，来侧面反映食品安全监管的实际效果。在了解城乡居民对于当前食品安全满意度差异的基础上，我们更关心影响居民食品安全满意度的因素究竟为何，并可以据此提出改善食品安全监管、提高居民满意度的政策建议。

满意度是一个相对主观的概念，消费者对于食品安全的满意度本质上也是一个主观感受问题，虽受诸多因素影响，但根本上体现为居民对食品安全风险的认知与态度。风险社会理论认为，并不存在绝对的安全，因此安全问题归根结底是一个结合自身风险态度的风险可接受性问题。换言之，食品安全满意度是居民基于自身对食品安全风险的感知与态度，对食品安全现状形成的期望与评价。

大量国内外的研究显示，人口统计特征是影响居民对食品安全风险认知的显著因素，这些人口特征包括性别、年龄、学历、收入等方面。同时不可忽视的是，我国典型的城乡二元结构以及食品安全监管的城乡二元特征使得相同人口特征的城乡居民在食品安全风险认知方面存在巨大差异。目前已有的相关研究往往忽视我国食品安全监管特有的城乡二元差异，将城乡居民视为同质，或只调查研究城市居民，或仅研究农村居民，而鲜有文献对城乡居民食品安全满意度差异展开相关研究。本书构建了影响城乡居民食品安全满意度差异的理论模型，基于对

山东省五个地市城乡居民的调查数据，分析具有相同人口特征的城乡居民食品安全满意度差异，并在此基础上检验城乡居民食品安全满意度的影响因素，根据实证分析结果为食品安全监管部门提出城乡食品安全差异化监管的政策建议。

（一）城乡食品安全满意度差异理论模型

根据居民满意度相关理论，食品安全满意度水平的不同是由于居民对食品安全现状的评价与对食品安全的期望之间的相对差异导致。一般而言，对食品安全现状的评价越低，而期望越高，居民对食品安全满意度水平会越低；若期望越低、评价越高则满意度也越高。居民能够获取食品安全相关信息量的大小和处理食品安全相关信息的能力，是影响居民对食品安全现状评价和期望的重要因素，这一重要因素直接受制于居民个人特征，如性别、年龄、学历、收入、家庭规模等。

成黎等（2011）的研究表明，不同年龄段居民对食品安全关注度有明显差异，45～65岁居民对食品安全最关心，而18岁及以下居民的关注度最低；并且，随学历的升高居民对食品安全的关注度降低。马缨、赵延东（2009）的研究表明，受教育年限越长的居民对食品安全状况的评价越低。秦庆等（2006）的研究表明，城市居民教育程度越高对食品安全的关注程度越高。这些研究充分说明，人口统计特征是影响居民食品安全期望、评价乃至满意度的重要因素。根据已有文献及满意度的相关理论，本书构建的理论模型如图4-4所示。

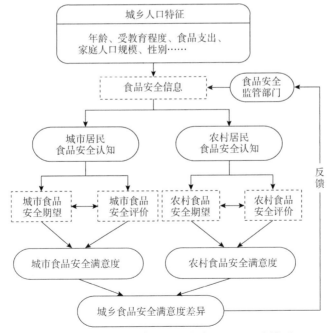

图4-4　城乡居民食品安全满意度差异理论模型

在我国城乡二元结构之下，食品安全及监管状态亦呈现二元差异，进而导致城乡居民对食品安全的期望程度与食品安全评价呈现出不同。如图 4 - 4 所示，城乡居民食品安全满意度差异是由于城市居民、农村居民对食品安全的现状评价和期望存在差异而导致的，而评价和期望方面的差异则是由于其对食品安全问题认知不同。在食品安全方面的认知水平是由城乡人口的年龄、受教育程度、性别、家庭人口规模、食品支出等特征决定的，同时食品安全监管部门的监管行为也会影响城乡居民对食品安全信息的处理过程。

因此，本部分研究通过对山东省部分城市及农村的居民进行实地调查，探索城乡居民对于食品安全的满意度情况，找到影响居民食品安全期望及评价的主要因素，在此基础上分析城乡居民之间的期望及评价差异及其成因。

（二）城乡居民食品安全满意度调查设计及样本说明

1. 抽样设计及数据处理

基于以上理论分析，本部分研究抽取了山东省经济相对发达且具有代表性的济南、青岛、潍坊、烟台和威海五个地级市的城乡居民进行了问卷调查。

由于抽样涉及人口数量较多，无法获取包含五个地市所有城乡居民的抽样框，因此本次抽样采用了多阶段抽样。首先，将五个地市的市辖区和所有的县作为第一阶段抽样单元，在每个地级市中随机抽取两个市辖区和两个县；其次，在市辖区中随机抽两条街道，再在每条街道随机抽取两个社区作为城市居民样本的第二阶段抽样单元，在每个县中随机抽取两个乡镇，再在每个乡镇中抽取两个行政村作为农村居民样本的第二阶段抽样单元，共 40 个社区及 40 个行政村。正式调查的样本容量设计为 15000 人，实际回收问卷 15480 份。汇总原始数据后，将所有问卷中关键人口统计特征信息缺失数据剔除后，有效问卷为 14363 份，有效率达到 92.78%。

2. 样本基本情况分析

本次问卷设计中调查内容主要包含被调查者的年龄、受教育程度、家庭人口规模、家庭食品支出四个人口统计特征，除此之外还包含"您对食品安全整体评价如何"和"您对食品安全期望如何"两大问题，为了便于更为细致的比较城乡居民对食品安全评价和期望水平，采取了 10 级量表的形式。

本书中将 5 个地级市市辖区的被调查者作为城市居民代表，县、乡镇、行政村中的被调查者作为农村居民代表。对被调查者的人口特征按照如下标准划分。将年龄划分为三个阶段：青年人（18～39 岁）、中年人（40～59 岁）和老年人（60 岁及以上）；受教育程度分为 5 个等级：小学及以下，初中，高中，职专及中专，大专及本科，研究生及以上；家庭人口规模分为 5 个等级：1 人家庭、2 人家庭、3 人家庭、4 人家庭和 5 人家庭及以上，但是考虑到人口家庭规模 3 口人以下家庭和4口人以上家庭会有较大差异，所以分析的时候该特征合并为2个等级（3口人及以下和4口人及以上家庭）；家庭月食品支出分为5个等级：500元以下、500~1000元、1000~2000元、2000~3000元、3000元以上。全部样本的分布情况如表4-9和图4-5所示。

表4-9 城乡被调查者不同人口特征分布情况

人口特征		城市（人）	农村（人）
年龄段	青年人	3842	3309
	中年人	3168	3003
	老年人	572	469
受教育程度	小学及以下	648	944
	初中	1284	1724
	高中、职专及中专	2408	2119
	大专及本科	2975	1886
	研究生及以上	267	108
家庭人口规模	3人及以下	4514	3640
	4人及以上	3068	3141
家庭月食品支出	500元以下	595	1405
	500~1000元	1986	2412
	1000~2000元	2915	2118
	2000~3000元	1441	647
	3000元以上	645	199

根据表4-9和图4-5结果显示，城乡被调查者在四项人口特征方面的分布与2010年人口普查中山东省5个地市的人口特征分布基本吻合，说明本次抽样调查的样本选取具有较好的代表性。

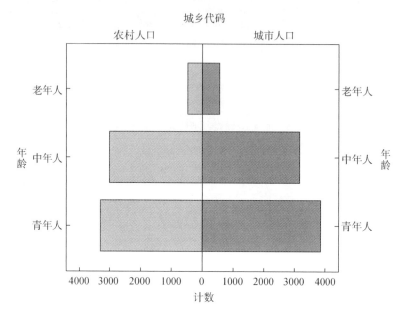

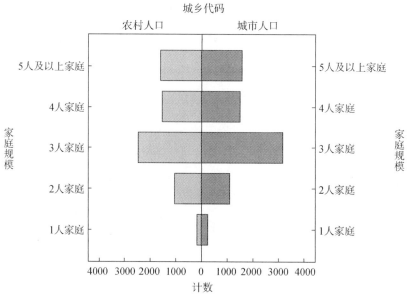

图 4-5 城乡被调查者不同人口特征金字塔比较

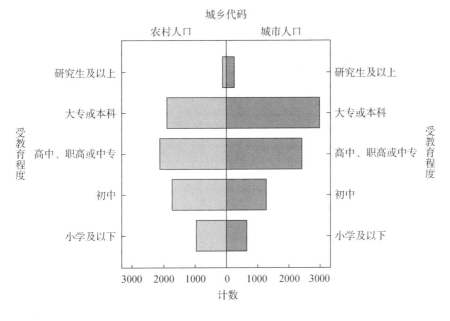

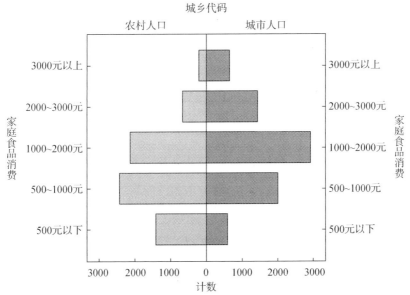

图 4-5 城乡被调查者不同人口特征金字塔比较（续）

（三）食品安全满意度城乡差异的实证分析

在这一部分中，笔者同时报告了来自城市和农村受调查的居民对于食品安全现状的评价以及对食品安全的期望情况，以此反映出城乡居民在这二者上存在的差异。

首先，考察山东省五地市城乡居民在食品安全现状评价和食品安全期望两个方面总体上存在的差异，找到导致城乡居民满意度差异的原因。其次，按照不同人口特征分别比较城乡居民在这两个方面的差异，以检验图 4 - 4 所示的不同人口特征对城乡居民的食品安全评价和食品安全期望的影响。

1. 城乡食品安全期望和评价总体比较

在进行城乡对比之前，需要先检验城乡居民食品安全期望和评价是否服从正态分布，再决定采用哪种均值检验方法。利用 K - S 正态性检验，结果如表 4 - 10 所示，说明无论城市人口还是农村人口的食品安全期望或评价均不符合正态分布。

表 4 - 10　城乡居民的食品安全期望和评价正态性分布检验

Kolmogorov - Smirnova		Statistic	differences	Sig.
食品安全期望	农村人口	0. 206	6781	0. 000
	城市人口	0. 223	7582	0. 000
食品安全评价	农村人口	0. 218	6781	0. 000
	城市人口	0. 208	7582	0. 000

总体不服从正态分布，则无法使用 t 检验对两个总体的食品安全总期望和评价的均值进行假设检验。因此采用非参数检验中的 Mann - Whitney 秩和均值检验，结果如表 4 - 11 所示。

表 4 - 11　城乡居民食品安全总期望和评价秩和均值检验

食品安全期望	Mann - Whitney U	Wilcoxon W	Z	Asymp. Sig. （2 - tailed）
城乡居民总体比较	24000600	46994971	- 7. 154	8. 4567E - 13
食品安全评价	Mann - Whitney U	Wilcoxon W	Z	Asymp. Sig. （2 - tailed）
城乡居民总体比较	25472834	48467205	- 0. 972491	0. 3308066

检验结果显示，城乡居民在食品安全期望方面存在明显差异，而在食品安全评价方面无明显差异，其均值差异如表 4 - 12 所示。

表 4 - 12　城乡居民在食品安全期望和评价的均值差异

		Mean	Skewness	Kurtosis	差异（%）
食品安全评价	农村人口	8. 096	- 1. 359	2. 578	
	城市人口	8. 129	- 1. 298	2. 454	0. 407
食品安全期望	农村人口	8. 584	- 1. 626	3. 972	
	城市人口	8. 745	- 1. 667	4. 040	1. 876

在食品安全评价方面,城市人口总体上比农村人口高0.407%,而在食品安全期望方面城市人口比农村人口高出1.876%。因此,城乡食品安全满意度的差异主要来自食品安全期望的差异。

通过以上分析,可知年龄段、家庭人口规模、家庭月食品消费金额和受教育程度四项个体特征对居民食品安全期望和评价具有显著影响。在我国城乡二元结构下,食品安全现状亦呈现出明显差异,农村食品安全程度较城市更差。受食品消费习惯、居民知识文化水平、信息获取渠道等因素的影响,农村居民对食品安全相关知识掌握程度及对食品安全监管工作期望与城市也呈现出明显差异,为保证研究结构及框架的统一性,本书假定农村居民的食品安全期望及评价均低于城市居民。具体提出四条假设,并通过进一步的分析,以判断其逻辑的正确性:第一,各个年龄段的农村居民食品安全期望与评价均不高于城市居民;第二,各个家庭规模的农村居民食品安全期望与评价均不高于城市居民;第三,各个收入水平上的农村居民食品安全期望与评价均不高于城市居民;第四,各个受教育水平下农村居民食品安全期望与评价均不高于城市居民。

2. 食品安全期望和评价在人口特征各水平上的城乡差异分析

由于城乡居民在食品安全期望和食品安全评价两方面均不服从正态分布,可以证明在各个个体特征不同水平的城乡居民在这两个方面也不服从正态分布。验证过程不再赘述。因此,对个体特征不同水平城乡居民的食品安全期望和评价的均值比较均采用非参数检验中的Mann-Whitney U检验,结果如表4-13所示。

表4-13　人口特征各个水平下城乡居民食品安全期望及评价差异检验

食品安全期望	Mann-Whitney U	Wilcoxon W	Z	Asymp. Sig. (2-tailed)
城乡老年人	109214.5	219429.5	-5.414	6.17E-08*
城乡中年人	4148098.5	8658604.5	-9.081	1.08E-19*
城乡青年人	6349489.5	11825884.5	-0.085	0.933
城乡3人及以下家庭	7456934.5	14083554.5	-7.474	7.78E-14*
城乡4人及以上家庭	4664652.5	9599163.5	-2.26	0.024*
城乡500元以下	397277	1384992	-1.824	0.068**
城乡500~1000元	2080486	4990564	-7.84	0*
城乡1000~2000元	2788058.5	5032079.5	-6.117	0*
城乡2000~3000元	460062	669690	-0.497	0.619
城乡3000元以上	58431.5	266766.5	-1.964	0.05*
城乡小学及以下	249968	696008	-6.437	0*
城乡初中	941352.5	2428302.5	-7.313	0*

续表

食品安全期望	Mann – Whitney U	Wilcoxon W	Z	Asymp. Sig.（2 – tailed）
城乡高中、职专及中专	2363950	4610090	– 4.446	0*
城乡大专或本科	2781048	7207848	– 0.532	0.595
城乡研究生及以上	12802	48580	– 1.756	0.079**
食品安全评价	Mann – Whitney U	Wilcoxon W	Z	Asymp. Sig.（2 – tailed）
城乡老年人	122652.5	232867.5	– 2.463	0.014*
城乡中年人	4570879	9081385	– 2.746	0.006*
城乡青年人	6206837.5	13589241	– 1.77	0.077**
城乡3人及以下家庭	7941344	14567964	– 2.6802	0.007*
城乡4人及以上家庭	4702355.5	9410201.5	– 1.6895	0.091**
城乡500元以下	411695	589005	– 0.554	0.58
城乡500～1000元	2274613	5184691	– 2.973	0.003*
城乡1000～2000元	2914999	5159020	– 3.484	0*
城乡2000～3000元	450332.5	659960.5	– 1.275	0.202
城乡3000元以上	56252	264587	– 2.701	0.007*
城乡小学及以下	290399	736439	– 1.77	0.077**
城乡初中	1049590.5	2536540.5	– 2.514	0.012*
城乡高中、职专及中专	2504872.5	4751012.5	– 1.092	0.275
城乡大专或本科	2785576	4565017	– 0.428	0.668
城乡研究生及以上	12456	48234	– 2.115	0.034*

注：*、**分别表示在5%、10%的水平上存在显著差异。

通过对表4-13分析，可以得到如下结论：

第一，在食品安全期望方面，年龄特征中城乡"老年人"和"中年人"在食品安全期望方面存在显著差异，而"青年人"则不存在显著差异；家庭人口规模特征中"3人及以下家庭"和"4人及以上家庭"均存在显著城乡差异；家庭月食品消费金额在"500～1000元"和"1000～2000元"两个水平上城乡存在显著差异；受教育程度特征中"小学及以下""初中"和"高中、职专及中专"三个水平上城乡存在显著差异；人口特征中其他各个水平居民在食品安全期望方面无显著差异。

第二，在食品安全评价方面，年龄特征中城乡"老年人"和"中年人"存在显著差异，"青年人"则在10%的水平上存在显著差异；家庭人口规模特征中"3人及以下家庭"存在显著城乡差异；家庭月食品消费金额在"500～1000元"

"1000～2000 元"和"3000 元及以上"三个水平上城乡存在显著差异；受教育程度特征在"初中"和"研究生及以上"两个水平上城乡存在显著差异；人口特征中其他各个水平居民在食品安全评价方面无显著差异。

表 4-14　人口特征各个水平下城乡居民食品安全期望及评价均值差异检验

人口特征不同水平	食品安全期望 Mean	差异（%）	食品安全评价 Mean	差异（%）
农村中年人	8.605	—	8.159	—
城市中年人	8.871	3.089	8.239	0.974
农村老年人	8.648	—	8.175	—
城市老年人	9.035	4.472	8.395	2.694
农村 3 人及以下家庭	8.574	—	8.075	—
城市 3 人及以下家庭	8.793	2.548	8.164	1.098
农村 4 人及以上家庭	8.594	—	—	—
城市 4 人及以上家庭	8.676	0.950	—	—
农村 500～1000 元	8.597	—	8.143	—
城市 500～1000 元	8.903	3.56	8.239	1.18
农村 1000～2000 元	8.552	—	8.010	—
城市 1000～2000 元	8.795	2.83	8.165	1.93
农村 3000 元以上	—	—	7.834	—
城市 3000 元以上	—	—	7.755	-1.01 *
农村小学及以下	8.500	—	—	—
城市小学及以下	8.892	4.61	—	—
农村初中	8.590	—	8.165	—
城市初中	8.889	3.48	8.283	1.44
农村高中、职专及中专	8.565	—	—	—
城市高中、职专及中专	8.775	2.45	—	—
农村研究生及以上	—	—	8.194	—
城市研究生及以上	—	—	7.810	-4.69 *

注：＊表示在该因素水平上城市居民的均值低于农村居民，"—"表示该位置无数据或没有比较。

根据以上假设检验结果可知，无论是从总体还是人口特征不同水平上来看，部分子样本确实能够表明城乡居民在食品安全期望方面存在差异；而在食品安全评价方面，尽管城乡居民总体上无差异，但在部分不同人口特征水平上仍存在差异。笔者进一步对存在显著差异的城乡不同人口特征水平上的食品安全期望和食品安全评价均值进行比较，以验证上述研究假设，均值检验结果如表 4 – 14 所示，可以得到如下结论：

第一，在各个年龄段水平上，无论是中年人还是老年人，城市居民在期望和评价方面均高于农村同年龄居民，则假设 1 成立。

第二，在各个家庭规模水平上，"3 人及以下家庭"和"4 人及以上家庭"城市居民的食品安全期望均高于农村同规模家庭，"3 人及以下家庭"城市居民的食品安全评价均值也高于农村同规模家庭，则假设 2 成立。

第三，在各个家庭月食品支出水平上，"500 ~ 1000 元"和"1000 ~ 2000元"城市居民的食品安全期望和评价均高于农村居民，但特别之处为，家庭月食品支出"3000 元及以上"的农村居民的食品安全评价比城市居民高出 1.01%，则假设 3 不完全成立。

第四，在各个受教育程度水平上，"高中职专及中专""初中"和"小学及以下"城市居民的食品安全期望均高于农村居民，"初中"受教育程度的城市居民的食品安全评价高于农村同水平居民，而"研究生及以上"学历的农村居民的食品安全评价却高于城市同水平居民，则假设 4 不完全成立。

3. 对比结果进一步讨论

第一，在不同年龄段上，农村居民对食品安全期望与评价总体呈现出不高于城市居民的特征，但城乡青年人群差异并不显著。一个重要的可信原因是农村中的年轻人群获取信息的渠道明显更多，对食品安全的重要性及食品安全监管的相关信息掌握更多，与城市年轻人的差异不大。另一个原因是农村大量的年轻人都有在城市务工的经历，对食品安全问题的认知与城市居民趋同。

第二，在不同家庭规模上，当家庭规模较小时，城市居民对食品安全持有更高的期望，这与后代（本次调查时还没有出台全面放开二孩政策）数量较少，希望提高后代质量有密切关系。在食品安全评价方面，仅"3 人及以下家庭"存在城乡差异，而"4 人及以上家庭"城乡并未呈现出明显差异。主要原因是当人口规模较大时，家庭经济负担较重，首要考虑的是温饱问题，对食品价格更加敏感，而对食品风险较为不敏感。

第三，在不同的食品消费规模上，"500 ~ 1000 元"和"1000 ~ 2000 元"两个消费规模为主要支出水平，城市居民由于整体教育水平较高，生活质量要求较高，自然对食品安全期望较高。同时，城市的食品安全监管更加严格，故而相应的评价比农村更高。但在家庭月食品消费金额高于 3000 元水平上，农村食品安全评价更高，主要原因应为在如此高的食品消费水平上，农村居民能够买到质量更高的食品。

第四，在不同受教育水平上，城市与农村居民都呈现出组内的伴随着受教育水平的上升，对食品安全及监管期望水平上升，评价水平下降的规律。原因在于，在食品安全目标水平的选择中，受教育水平较高消费者对于安全风险较为敏感，其效用将在更大程度上随着食品安全保障目标水平的提高而增加，故而对食品安全期望水平升高，频繁发生的食品安全事故导致这部分人的效用大幅下降，从而评价水平较低。

（四）城乡食品安全评价影响因素的实证分析

在上一部分中，笔者通过统计对城乡居民食品安全评价和期望的差异进行了分析。在此基础上，笔者试图进一步验证各项因素对居民食品安全评价的影响，也作为城乡居民食品安全评价差异分析的稳健性检验。

在本节中，笔者通过构造一个食品需求函数来说明居民用于购买食品的消费支出与居民对于食品风险认知之间的关系。根据 Antle（2001）假设消费者效用函数为 $U(y_f, y_n, h)$，y_f 和 y_n 分别表示食品、非食品消费量，h 表示居民健康状况。居民所面对的风险单纯为食品安全风险，即风险只与食品消费量 y_f 有关。健康状况 $h(e(y_f, \delta), m, \varepsilon)$ 取决于风险程度 e 和维护健康的支出 m。风险程度取决于食品消费量和风险参数 δ。δ 表示风险程度当中的随机因素，其累积分布函数为 $R(\delta | k)$，k 代表居民对于健康风险的认知。居民对于风险认知的个体差异反应在随机变量 ε 当中，ε 的累积分布函数为 $H(\varepsilon | x)$，x 是反映居民与健康状况相关的人力资本参数（即人口统计学特征），其中年龄是我们重点要考察的影响因素。在给定收入 I，以及价格 p_f、p_n、p_m 的约束条件下，效用最大化问题可以表示为：

$$\max\nolimits^{\Phi} y_{f, yn, m} = \iint U(y_f, y_n, h(e(y_f, \delta)m, \varepsilon)) \mathrm{d}R(\delta | k)\mathrm{d}H(\varepsilon | x) + \lambda(I - p_f y_f - p_n y_n - p_m m)$$

$$(4-8)$$

其中关于 y_f 的一阶条件为：

$$\partial \Phi / \partial y_f = \lambda^{-1} \iint (U_f + U_h h_e e y_f) \mathrm{d}R(\delta | k)\mathrm{d}H(\varepsilon | x) - p_f = 0 \qquad (4-9)$$

我们可以发现，居民对于食品安全风险的认知影响了对食品的消费决策，而这主要是通过风险认知 k 以及健康人力资本 x 来体现的。进一步求解上面的一阶条件会得到以下消费者需求函数 $y_f(p, \delta, I, k, x)$。因此，基于该函数同理亦可由居民食品消费量、居民个体特征，推知居民消费者的风险态度即对于当前食品安全的满意程度的差异。根据食品安全满意度的定义可知，满意度取决于居民消费者基于自身期望对当前安全水平的评价。由此得出以下模型：

$$y = x_1'\alpha + x_2'\beta + x_3'\gamma + \varepsilon \qquad (4-10)$$

式中，x_1' 反映了家庭食品购买支出（居民收入、食品价格食品消费量因素），向量 x_2' 表示包括年龄在内的个体人口统计学特征，x_3' 表示居民对于食品安全的期望，因变量 y 表示由于食品安全风险认知不同所导致的食品安全评价差异。

由于居民消费者对食品安全的评价是多元离散型变量，因此笔者采用 Logit 模型进行分析，并使用 Stata13.0 进行估计。在 Stata 中，Logit 模型通过极大似然估计进行，此外被解释变量取值波动较小且为定序型变量时均要求样本容量足够大。本次调查数据用于实证分析的样本共 14363 个，样本容量足够。为了检验青年、中年、老年不同年龄段居民的差异，笔者同时对青年、中年、老年以及总体样本进行了分析，回归分析结果如表 4 – 15 所示。

表 4 – 15　不同年龄段消费者食品安全评价影响因素的 Logit 回归

变量	青年人	中年人	老年人	总体
食品安全期望	2.151***	2.469***	3.078***	2.572***
	(25.085)	(22.816)	(9.608)	(37.385)
年龄				0.102**
				(2.006)
城乡	0.105	0.114	0.125	0.105*
	(1.422)	(1.289)	(0.480)	(1.908)
性别	-0.008	0.062	0.024	0.011
	(-0.114)	(0.733)	(0.101)	(0.216)
受教育程度	-0.162***	-0.049	-0.036	-0.105***
	(-3.560)	(-1.055)	(-0.301)	(-3.435)
家庭规模	0.018	0.039	0.083	0.025
	(0.494)	(0.960)	(0.867)	(0.97)
职业	-0.081***	-0.027	-0.033	-0.055***
	(-3.663)	(-0.916)	(-0.455)	(-3.249)
家庭购买食品支出	-0.095***	-0.098**	-0.254**	-0.131***
	(-2.619)	(-2.323)	(-2.038)	(-3.336)
常数项	-3.411***	-4.865***	-6.132***	0.729**
	(-9.940)	(-12.372)	(-6.014)	(2.265)
样本量	7151	6171	1041	14363
R^2	0.1257	0.1338	0.1475	0.1285

注：***、**、*分别表示在 1%、5%、10%的水平上显著。

Logit 模型回归分析的结果可以对前文中不同年龄层居民食品安全满意度的差异分析提供进一步的证据。从总体样本来看，回归结果显示不同年龄消费者之间对于食品安全的评价确实存在差异，随着年龄的增长，消费者对食品安全程度的评价呈现提升的趋势，青年人对食品安全现状的满意度最低，老年人最高。居民对于食品安全的期望显著影响其对食品安全水平的评价，不同年龄层对食品安全满意度的差异更多来自对食品安全期望的差异。此外，居民消费者的受教育程度、职业以及所在家庭购买食品的支出均对其食品安全评价有显著影响。受教育程度越高的居民，获得的食品安全相关信息越多，从而对食品安全的评价偏低，这一结论对前文分析做出了进一步验证。家庭购买食品支出越多，则面临食品安全问题的概率越大，消费者对于食品安全问题也更加重视，因此对于食品安全的满意程度也越低。此外，性别和所在家庭规模对其食品安全评价并无显著影响。居民城乡差异对食品安全满意度的影响仅在10%的水平上显著，以上基本符合笔者在城乡居民食品安全评价差异分析中所得出的结论。

根据不同年龄段的回归分析结果可以看出，青年人是对食品消费较为敏感的社会群体，其对食品安全的满意程度显著受到受教育程度、职业和家庭购买食品支出等多种因素的影响。青年人相对而言受教育程度差异较为明显，职业分布也较为分散，不同职业和教育背景的青年人获取信息的渠道和生活方式存在明显的差异，进而导致对食品安全的满意程度较为不同。而中年、老年人职业与受教育程度则相对趋同，因此这两个变量对于中年、老年群体的食品安全满意度并不存在显著影响。家庭食品购买支出无论对于哪个年龄段消费者的食品安全评价，均是显著的影响因素。家庭食品购买支出是老年人对食品安全评价的重要影响因素，相对青年人和中年人而言，家庭的食品消费支出对于老年人食品安全评价的影响更大。就不同年龄段消费者而言，对食品安全的期望不同，也会造成对食品安全水平评价的显著差异。此外在前文分析中，笔者曾指出由于农村青年人进城务工比例逐渐提高，在青年这一年龄段，城乡居民差异不大，这也在进一步的回归分析中得到验证。

（五）基于城乡差异的食品安全监管政策建议

以上调查研究结果表明，城乡居民在影响食品安全满意度的食品安全期望和食品安全评价两个方面存在着显著差异，特别是在年龄、家庭人口规模、家庭月食品支出和受教育程度等人口特征的不同水平上存在着较大的差异。通过对这些差异显著的人口特征因素进行深入分析发现，由于我国特殊的城乡二元结构，城乡居民的人口特征因素从本质上反映了城乡居民在获取和处理有关食品安全信息的渠道和能力的差异，从而导致了城乡居民在食品安全期望和食品安全评价两方面的差异。据此提出对我国食品安全监管工作的建议，以期通过改善食品安全监管水平，提高城乡居民对于食品安全的评价水平与满意度，尤其是提升农村居民的食品安全满意度。

（1）提升农村食品安全监管社会共治度。当居民对食品安全具有较高期望时，对食品安全监管问题的关注度也较高，促使居民成为监管过程中的一个重要主体，参与到食品安全监管中去，形成对监管工作的正激励，最终达到食品安全的社会共治，提升食品安全监管的工作绩效。由于农村居民对食品安全及食品安全监管的期望较低，农村居民对食品安全监管的关注度与参与度都较低，造成农村食品安全监管工作缺乏激励，监管效果不佳。基于此，食品安全监管部门特别是基层食品安全监管机构及工作人员应加大食品安全及食品安全监管的宣传力度，拓宽居民获取信息渠道，从而提升其对食品安全及监管的关注度和参与度，最终形成农村食品安全监管的社会共治，提升监管绩效。

（2）采取食品安全监管差异化工作模式。城乡居民在人口特征上具有较大差异，具体体现在对食品安全相关法律法规的知晓、运用程度和对食品安全风险及食品安全监管工作的认知能力和认知程度上，以及年龄结构、知识结构等。因此，在开展具体食品安全监管工作过程中，应采取差异化手段。在农村更多地采用相对浅显易懂的形式普及食品安全常识，宣传食品安全监管法律、法规，公布食品安全监管工作，在监管过程中需要注意方式方法，采取农村居民更加容易理解、接受和配合的途径开展工作；在城市则可以更多地利用网络、城市公共设施、手机、APP等方式进行食品安全常识、法律法规的普及，同时更大程度地对食品安全监管工作进行信息公开，规范食品安全监管和执法行为。

（3）城乡双管齐下共同发力提升食品安全监管绩效。城乡二元是我国目前社会、经济的基本特征，食品安全监管亦是如此。虽从整体来看，我国近年来食品安全监管颇具成效，但城乡差异依然存在，农村的食品安全状况劣于城市，使得农村成为食品安全治理的重点区域。截至2015年末，我国城镇常住人口为77116万人，乡村常住人口为60346万人，忽视农村食品安全监管工作，等同于将我国一半的人口置于不安全的境地中，农村将成为食品安全监管水平中的短板，影响我国整体食品安全。在日常食品安全监管中，相关部门需基于城乡之间人口、社会特征的差异，在进一步加强城市食品安全监管工作的同时，重点针对农村食品安全问题加大监管力度，增加对农村食品安全监管的投入，提升其监管绩效，弥合城乡之间的食品安全差异，提升我国整体食品安全监管水平，打造食品安全社会。

前文分别从企业和消费者两个角度对我国大部制改革前的食品安全监管效果进行评价，从而得出尽管我国食品安全监管呈现总体加强趋势，但效果并不理想的结论。基于通过监管解决市场失灵、通过监管改革解决政府失灵这一思路，由此说明对我国食品安全监管体制进行改革的必要性。在下文中，基于我国食品安全监管效果的评价，将进一步讨论我国食品安全监管体制改革的路径与方向。

中篇　我国食品安全监管体制改革

第五章　我国食品安全监管体制改革

第一节　我国食品安全监管体制发展沿革

自中华人民共和国成立以来，我国的食品安全监管体制一直处于不断发展和完善的过程中，由计划经济向市场经济转变的过程中，以卫生部门为主导的食品安全监管体制逐渐向多部门、分环节监管体制过渡，并在大部制改革的背景下逐渐形成单一部门综合统筹的新型监管体制。

一、以卫生部门为主导的食品安全监管体制阶段

（一）从计划经济时期到卫生部门主导的食品安全监管体制变迁过程

计划经济时期，由于国家的主体经济结构以国有经济为主，且食品供应并不充足，对于食品的监管主要以解决食品供给数量不足的问题为主，对食品安全要求不高。因而，政府的食品安全监管职能融合于其他政府部门职能当中，并没有独立出来。通过表5-1可以了解自中华人民共和国成立至改革开放前我国食品安全相关部门及职能的分配情况。

改革开放以后，随着经济政策的调整与改革，与食品有关的产业部门都得到了迅速的发展，食品工业的生产经营模式和所有制结构也相应发生了巨大改变。一方面由于食品工业得到快速发展，粮食供给不再是政府主要关注的问题；另一方面随着生活水平的不断提高，人们也日趋重视对于生活质量的要求。由于出现了多种所有制形式的食品生产经营者，丰富了食品行业结构的同时也暴露出了旧有体制难以适应新的制度环境、不能满足保障民众健康安全需要的问题。因而计划经济体制下以主管部门管控为主、卫生部门监督管理为辅、寓食品卫生管理于行业管理的食品卫生管控体制开始无法适应新时代的需求，中国食品安全监管开

始逐步由单项管理向全面管理过渡，并由单纯的行政管理向法制管理转变。

表 5 - 1 1949 ~ 1978 年我国食品安全监管机构及职能设置

职能	时间	部门
食品、盐业、制糖、酿酒等行业	1949 年 10 月至 1952 年 9 月	轻工业部
	1954 年 10 月至 1965 年 2 月	轻工业部
	1949 年 10 月至 1950 年 12 月	食品工业部
	1956 年 5 月至 1958 年 2 月	食品工业部
	1949 年 10 月至 1952 年 7 月	财政部
	1965 年 10 月至 1970 年 6 月	第一轻工业部
	1970 年 6 月至 1978 年	轻工业部生产一组
粮食加工、食用油、饲料	1954 年 10 月至 1970 年 6 月	粮食部
	1970 年 7 月至 1978 年	商业部
粮食生产和畜牧业	1949 年 10 月至 1979 年 2 月	农业部
水产品	1956 年 5 月至 1970 年 6 月	水产部
	1978 年 3 月至 1982 年 5 月	国家水产总局
食品卫生标准管理	1972 年 11 月至 1978 年 8 月	国家标准计量局
食品生产经营管理	1949 年 10 月至 1950 年 8 月	贸易部
	1952 年 8 月至 1970 年 6 月	商业部
食品购销质量管理	1955 年 7 月至 1956 年 11 月	农产品采购部
	1956 年 5 月至 1958 年 2 月	城市服务部
	1955 年 1 月至 1958 年 2 月	供销合作总社
	1958 年 2 月至 1962 年 7 月	第二商业部
	1962 年 7 月至 1970 年 6 月	供销合作总社
	1970 年 6 月至 1975 年	商业部
	1975 ~ 1978 年	供销合作总社
食品卫生检验	1954 年 11 月至 1958 年 3 月	国家计量局
	1958 年 3 月至 1972 年 11 月	国家技术委员会
	1972 年 11 月至 1978 年	国家标准计量局
食品卫生督查	1953 ~ 1957 年	卫生部卫生防疫司
	1957 ~ 1958 年	卫生部卫生监督局
	1958 ~ 1978 年	卫生部卫生防疫司

续表

职能	时间	部门
食品交易市场管理	1954 年 11 月至 1970 年 6 月	国家工商行政管理局
	1970 年 6 月至 1978 年	商业部
	1978～1982 年	国家工商行政管理局
进出口食品管理	1949 年 10 月至 1952 年 8 月	贸易部
	1952 年 11 月至 1973 年 10 月	对外贸易部
	1973 年 10 月至 1980 年 2 月	进出口商品检验局

资料来源:《中国食品安全发展报告 2012》。

这一段时期跨度较长,我国颁布了多项有关食品安全监管的法规和条例。1979 年,卫生部在 1965 年《食品卫生管理试行条例》的基础上,修改并正式颁布了《中华人民共和国食品卫生管理条例》。随着过渡时期全国食品卫生状况的下降,食品安全法制建设的步伐也随之加快。1982 年,《中华人民共和国食品卫生法(试行)》(以下简称《食品卫生法〈试行〉》)通过,正式从立法上确立了以卫生部门为主导的食品安全监管体制,明确县以上卫生防疫站或食品卫生监督检验所为当时唯一的食品卫生监管机构,卫生部门成为食品卫生监管的一元主体。我国食品安全监管进入了以卫生部门为主导的第一阶段。

改革开放以后,我国开始实行由农业部、卫生部、工商行政管理总局等机构分段管理的方式。农业部主管生产环节的食品安全,卫生部主管加工环节,工商部门负责流通环节。这一时期的食品安全监管体制又被称为混合型管理体制,其中食品卫生监督方面存在以下特征:第一,卫生部门被确立为食品卫生监督的执法主体,这主要是依据《食品卫生法(试行)》确立的。第二,多部门共同管理食品卫生的格局依然存在,尽管名义上卫生部门获得了食品卫生监督的主导权,但由于食品生产经营领域的政企合一体制并未得到根本改变,卫生部门的监管权陷于被分割的境地。第三,食品卫生监管分散化,《食品卫生法(试行)》将一些特殊场所的食品卫生监管权赋予了非卫生机构,因此从地方政府层面来看,工商、环保、计量等部门都参与了食品卫生监管。

1995 年 10 月 30 日,《中华人民共和国食品卫生法》(以下简称《食品卫生法》)经第八届全国人大常委会第十六次会议审议通过,《食品卫生法》的正式施行标志着由卫生部门主导的一元监管体制正式形成。我国食品安全监管开始进入第二阶段。除卫生部门外,1998 年 3 月,国家药品监督管理局成立,作为国务院直属的主管药品监督的行政执法机构。2001 年 4 月,组建国家质量监督检验检疫总局,负责组织实施进出口食品和化妆品的安全、卫生、质量监督检验和监督管理。

在这一阶段中《食品卫生法》明确规定了"国务院卫生行政部门主管全国食品卫生监督管理工作"，虽未将食品卫生监督管理权完全赋予卫生部门，但最终确立了卫生部门的主导地位，废除了政企合一体制下主管部门的相关职权。

（二）卫生部门主导的一元食品安全监管体制存在的问题

以卫生部门为主导的食品安全监管体制其本质的问题并不在于监管主体的一元性，而是由于食品安全问题已经不再只是单纯的食品卫生问题，作为一元主体的卫生部门已经不再适合承担食品安全监管的多项任务。食品安全强调从农田到餐桌包括生产、加工、流通、消费在内的整个食品供应链的综合预防和风险控制，而食品卫生仅仅强调操作、餐饮和消费环节的食品问题，显然以食品卫生为工作核心已经难以满足对食品安全不断增长的要求。

此外，由于卫生监督部门开展食品安全监督工作缺乏相应的法律支持，往往面临重重阻力，以卫生部门为主导的食品安全监管体制客观上也造成了基层卫生执法监督部门工作任务过于繁重、卫生监督支出激增的一系列问题。在未能妥善解决食品安全监管的同时，一定程度上还加重了卫生监督的负担。

卫生部门难以独立肩负食品安全监管任务，需要其他相关职能部门提供支持和合作，然而未经明确制度安排下的部门援助会造成部门外部性问题（颜海娜，2010）。因而以卫生部门为主导的一元食品安全监管体制发展的下一阶段，是通过制度安排使新的部门与卫生部门共同承担食品安全监管任务，这种指导思想也促使多部门分环节监管体制得以形成。

二、多部门分环节监管体制阶段

（一）多部门分环节监管体制的形成

随着市场经济不断发展，新的监管问题不断显现。由于食品本身具有信任品的属性，在信息不对称的情况下，极易造成生产者本身逐利行为与维护消费者利益之间的矛盾。进入 21 世纪以来食品安全问题频发，单纯依靠卫生部门的一元主体监管体制已无法同时兼顾包括生产、加工、流通和消费在内的多个环节，满足监督控制食品安全的需要。基于食品安全监管工作本身的综合性，并综合考虑已有的监管体制和监管机构设置、资源配置情况，2003 年国家食品药品监督管理局组建，作为国务院直属机构，继续行使原国家监督管理局职能，负责对食品、保健品、化妆品安全管理的综合监督和组织协调。

2004 年 9 月 1 日，国务院发布了《国务院关于进一步加强食品安全工作的决定》（以下简称《决定》），提出要进一步理顺有关监管机构的职责，开始采取"分段监管为主、品种监管为辅"的方式，并确立了"一个监管环节由一个部门监管"的基本原则。《决定》中提出,由农业部门负责对初级农产品的生产环节进行监管;质检部门专门负责对食品的生产和加工环节进行监管;食品的流通环节由工商部门负责监管;卫生部门负责对餐饮业等消费环节进行监管;新组建的食品药品监督管理局负责对食品安全进行综合监督、组织协调,以及依法组织查处重大食品安全事故。这标志着多部门分环节食品安全监管体制的形成(见图5-1)。

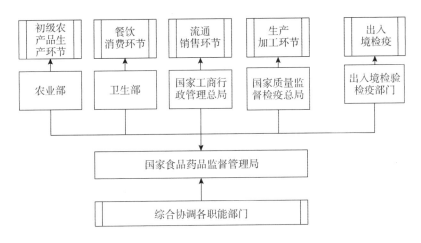

图 5-1 2004 年我国多部门分环节食品安全监管体制

(二) 多部门分环节监管体制存在的问题

多部门分环节的食品安全监管体制体现为"碎片化"的监督管理模式,最直接的结果是由于包括卫生部、国家质量监督检验检疫总局、国家工商行政管理总局等机构在内的多个肩负食品安全监管任务的部门同时负责整个食品安全链条,部门之间权力划分不清、越位缺位等现象难以避免,也相应衍生了利益部门化的情况,一定程度上造成部门利益之间的矛盾和冲突。各监管机构之间,权力界限不清,而处于协调地位的国家食品药品监督局又不具备综合管理的真实行政权力,无法真正实现总控全局的作用。这种监管体制在影响监管效果的同时也浪费了公共资源。

另外,多部门分环节的监管体制要求各部门必须加强协作,最终的监管效果由所有部门的共同工作成果决定,难以分别度量各个部门的工作效果,而其中任何一个环节出现纰漏都可能影响最终的监管结果,甚至导致食品安全事故的发生。因此这样的体制并不利于有效激励监管机构,也过分依赖部门之间的合作,导致监管效果的不稳定性。

由于监管权力过度分散在不同的部门之间,并通过环节进行职责划分,还使得监管机构之间的资源依赖性大大增强。一项监管任务往往需要不同部门合作才能完成，在这个过程中，需要共享许多部门资源，这也对食品安全监管的部门协调性和合作性提出了更高的要求，无疑增加了食品安全监管的难度。

三、综合协调下的各部门分段监管阶段

（一）食品安全监管大部制改革过程

2008 年后，在大部制改革的背景下，在多部门分环节监管体制的基础上，我国的食品安全监管体制又进行了进一步调整。国家食品药品监督管理局被划归卫生部，其综合协调职能也划归卫生部，其职能转变为负责消费环节食品卫生许可、制定消费环节食品安全规范、开展安全调查和监测工作以及发布消费环节食品安全监管的相关信息。卫生部成为承担食品安全综合监督、组织查处重大事故、负责相关产品安全风险评估和预警、制定食品安全检验机构资质认定条件和检验规范、统一发布重大食品安全信息的综合机构。总体而言，以上改革是基于"大部制"改革趋势的一种调整，倾向于逐步整合食品安全监管的权力配置和机构设置，但并未改变多部门分环节监管体制的基本框架（见图 5-2）。

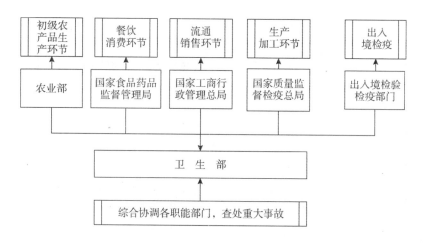

图 5-2 2008 年我国食品安全监管体制

《中华人民共和国食品安全法》（以下简称《食品安全法》）于 2009 年 2 月 28 日由十一届全国人大常委会第七次会议高票通过，《食品安全法》的正式颁布，标志着我国食品安全监管立法进入崭新的阶段。《食品安全法》同时对我国食品安全监管体制做出了横向与纵向的职权分配。其中第四条规定了监管机构对于所承担的各方面职责，国务院设立食品安全委员会，并进一步明确卫生部门在食品安全监管当中的综合协调地位。2010 年，国家食品安全委员会成立。

2013 年，依据十二届全国人大一次会议通过的《国务院机构改革和职能转

变方案》（以下简称《方案》），我国食品安全监管机构设定再次做出调整。党的十八大后，我国食品安全监管的大部制改革正式开启，卫生部和国务院食品安全委员会办公室被撤销，原卫生部有关食品安全监管的部分职能，如确定食品安全检验机构资质认定条件和制定检验规范，划给国家食品药品监督管理总局；组织开展食品安全风险监测、评估，依法制定并公布食品安全标准，负责食品、食品添加剂及相关产品新原料、新品种的安全性审查等职能则移交给新组建的国家卫生和计划生育委员会（食品安全标准与监测评估司）。《方案》提出，将食品安全办公室和食品药品监督管理局的职责、国家质量监督检疫总局的生产环节食品安全监督管理职责、工商总局的流通环节食品安全监督管理职责整合，组建国家食品药品监督管理总局，其主要职责是对生产、流通、消费环节的食品安全实施统一监督管理。将工商行政管理部门、质量技术监督部门相应的食品安全监督管理队伍和检验检测机构划转至食品药品监督管理部门。保留国务院食品安全委员会，具体工作由食品药品监督管理总局承担。国家食品药品监督管理总局加挂国务院食品安全委员会办公室牌子。不再保留国家食品药品监督管理局和单独设立食品安全办公室。同时，为做好食品安全监管的衔接工作，明确工作责任，《方案》提出，在新的食品安全监管体制下农业部负责初级农产品的质量安全监督管理，而商务部的生猪定点屠宰监督管理职责也将划归农业部。

新组建的国家食品药品监督管理总局进一步整合了原国务院食品安全委员会、国家食品药品监督局、国家质量监督检验检疫总局和国家工商行政管理总局在食品安全监管方面的职能。在新的食品安全监管体制下，农产品阶段由农业部负责，而此后的生产、加工、流通、餐饮消费环节则由国家食品药品监督管理总局全局掌控，这是我国在逐步整合食品安全监管权力配置和机构设置、解决食品安全监管体制遗留问题方面迈出的重要一步，我国食品安全监管的新格局初步形成（见图5-3）。

2018年，新的《国务院机构改革方案》审议通过，根据此方案，原国家工商行政管理总局、原国家质量监督检验检疫总局及原国家食品药品监督管理总局等机构的职责被进一步整合，组建新的国家市场监督管理总局。同时，组建国家药品监督管理局，由国家市场监督管理总局管理。而原国务院食品安全委员会的具体工作由国家市场监督管理总局承担。不再保留国家工商行政管理总局、国家质量监督检验检疫总局及国家食品药品监督管理总局。食品安全监管的职能和机构设置进一步整合，食品安全监管体制的大部制改革又将向前迈进重要的一大步。

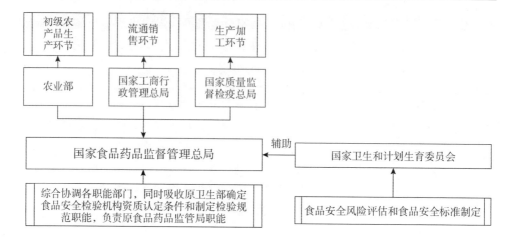

图 5 - 3　2013 年我国食品安全监管体制

（二）食品安全监管大部制改革评价

本书试图在对食品安全监管的大部制改革进行梳理的基础上评价改革的思路与成效，因成书之时，国家市场监督管理总局的组建工作尚未全部完成，因此以下评价的内容主要针对 2018 年改革之前。

1. 对原有体制下的监管机构职能进行了整合

与多部门分环节监管体制不同的是，大部制改革下的新监管体制不再是多个监管机构在监督管理局和食品安全委员会的综合协调下各自行使职权，而是几乎将相应的职能全部从原来的监管机构中分离出来，整合到新成立的国家食品药品监督管理总局中。改革后，国家质量监督检验检疫总局在食品包装材料、容器等食品相关产品生产加工监督管理以及进出口食品安全、质量监督检验两方面保留原有职能，工商行政管理部门保留对食品广告活动的监督检查职能。

同时，注重食品安全监管检验检测的资源集中，整合国家质量监督检验检疫总局、原国家食品药品监督管理局所属食品安全检验检测机构，推进管办分离，实现资源共享，以形成统一的食品安全检验检测技术支持体系。

农业部和新成立的国家卫生和计划生育委员会还保留各自的食品安全监管职能。农业部门负责农产品从种植养殖环节到进入市场或生产加工企业前的质量安全监督管理。而新组建的国家卫生和计划生育委员会与国家食品药品监督管理总局，同时肩负食品安全监管职能，有关职责分工具体为：

第一，食品安全风险评估和食品安全标准制定方面，主要由国家卫生和计划生育委员会负责。国家卫生和计划生育委员会会同国家食品药品监督管理总局等部门制定、实施食品安全风险监测计划。国家食品药品监督管理总局应当及时向国家卫生和计划生育委员会提出食品安全风险评估的建议。国家卫生和计划生育委员会对通过食品安全风险监测或者通过接到举报发现可能存在的安全隐患，应当立即组织检验和食品安全风险评估，并及时向国家食品药品监督管理总局通报食品安全风险评估结果。对于得出不安全结论的食品，国家食品药品监督管理总局应当立即采取措施。需要制定、修订相关食品安全标准的，国家卫生和计划生育委员会应当尽快制定、修订。

第二，国家食品药品监督管理总局是食品安全监管的主要执行机构，在国家卫生和计划生育委员会的风险评估结果和建议基础上，采取具体的监管措施，并主要负责对食品安全生产、加工、流通和餐饮消费等具体环节实施监管。

第三，国家卫生和计划生育委员会参与制定食品安全检验机构资质认定的条件和检验规范。

2. 明确核心机构综合协调职能，转变监管理念

通过建立核心监管机构，进一步加强食品安全的综合协调，完善安全标准体系、质量管理规范以及有关的各种行政许可流程，健全风险预警机制和对地方的监督检查机制，以达到防范区域性、系统性食品安全风险的目的。同时转变监管理念，创新管理方式，充分发挥市场机制、社会监督和行业自律作用，建立让生产经营者成为食品安全第一责任人的有效机制。

为了清楚表达大部制改革后围绕新成立的国家食品药品监督管理总局的食品安全监管职能演变情况，笔者通过图5-4来进一步描述以新的国家食品药品监督管理总局为中心食品安全监管职能的重新整合和分工情况。

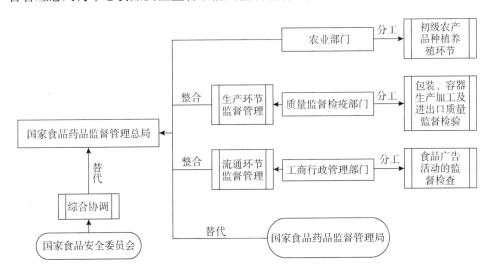

图5-4 围绕国家食品药品监督管理总局的食品安全监管职能整合和分工

注：椭圆形框表示已经撤销的机构，单边框表示监管机构，双边框表示机构职能。

在 2018 年机构改革后，新的国家市场监督管理总局完全承接了原国家食品药品监督管理总局综合协调食品安全监管的职能，同时由于并入了原国家工商行政管理总局和原国家质量监督检验检疫总局，从而进一步将原国家食品药品监督管理总局未能全面承担的流通和进出口环节食品安全监管的职能囊括其中，因此此次改革依然秉承了此前多次食品安全监管体制改革的总体思路。同时新组建的农业农村部也将承接原农业部的功能与职责，在食品安全监管方面负责农产品质量安全监管的相关工作。而新组建的国家卫生健康委员会可能进一步将原国家卫生与计划生育委员会所承担食品安全监管相关的工作职责向国家市场监督管理总局转移。

综上可以看到，我国食品安全监管体制、立法以及监管机构设置的变迁，都是为了适应我国食品工业的快速发展以及人民不断提高的对生命安全和生活质量的需求。我国食品安全监管体制改革进行至今已经历了较为漫长的过程，监管体制的改革同时也反映出政府对于食品安全问题的重视程度和监管强度的演变。近年来，面临监管的现实需求，我国的食品安全监管体制还在不断调整和完善中，并呈现出以下几种趋势：第一，监管权力集中化，避免各部门分段监管带来的协调难度增加、权责不清等问题；第二，加强监管独立性，避免由于牵涉不同部门利益、产业利益、企业利益所导致规制俘获与监管效率低下问题；第三，完善从中央到地方的监管体制改革，避免地方政府出于政绩或地方保护所导致的监管执行不力；第四，强化监管基础设施，全面提升监管人员水平、经费、技术；第五，提升社会组织与公众的参与度。

第二节　地方食品安全监管体制改革实践

一、地方食品安全监管体制改革进展

2013 年 4 月《国务院关于地方改革完善食品药品监督管理体制的指导意见》（以下简称《指导意见》）发布，进一步明确了地方政府推行食品安全监管体制改革的方向和要求。具体包括：整合监管职能与机构，整合监管人员与技术资源，健全基层管理体系，加强监管能力建设，有序推进地方监管体制改革。

《指导意见》要求地方省、市、县三级食品安全监督管理机构原则上分别于2013 年的上半年、9 月底及年底前完成改革，但实际上各地区进度参差不齐，总体上改革进度与预期存在差距。截止到 2014 年 6 月，全国共 29 个省（自治区、直辖市）公布了省一级食品安全监督管理机构"三定"方案，14个省级单位公布了改革实施方案。全国333个地级行政单位中公布了本级食品安全监督管理机构"三定"方案的有49个（约占14.7%）；公布本级食品药品监督管理体制改革实施意见的有90个（约占24.6%）；全国2835个县级行政区划中公布本级食品药品监督管理机构"三定"方案的仅有59个，公布本级改革实施意见的仅38个，严重落后于初始计划的进度（以上数据来自《中国食品安全发展报告2014》）。

二、地方食品安全监管体制改革基本内容

地方食品安全监管体制改革以转变政府职能为核心，以整合监管职能和机构为重点，主要需完成的任务包括：整合监管职能和机构，整合监管队伍和技术资源，加强监管能力建设，健全基层管理体系。

本次改革着力于简政放权，将更多监管资源投向市场，改革后地方食品安全监管职能调整情况如表5-2所示。

表5-2　各省（自治区、直辖市）食品药品监督管理局监管职能调整情况

职能调整形式	调整职能名称	调整的省（自治区、直辖市）数量
取消职能	药品生产质量管理规范认证	28
	药品经营质量管理规范认证	28
	化妆品生产和卫生行政许可	27
	执业药师资格核准和继续教育	27
	第二类医疗器械临床使用、使用审批	6
	蛋白同化制剂等海外委托生产备案	5
	药品招标代理机构资格认证	2
	餐饮服务机构和人员备案	1
下放职能	医疗器械经营许可	20
	药品零售企业经营质量管理规范认证	18
	麻醉药品和第一类精神药品运输证明、邮寄证明核发	18
	食品生产、流通和餐饮服务许可	7
	科研教学单位毒性药品够用许可	3
	药品生产许可证实质变更备案	2
	保健食品广告审批	2

续表

职能调整形式	调整职能名称	调整的省（自治区、直辖市）数量
下放职能	出具药物、医疗器械、保健品出口销售证明	2
	审批医疗机构制剂变更配置单位名称	1
	药品生产许可初审	1
	药品广告备案	1
	医疗毒性药品收购、经营（批发）企业审批	1
	中药材市场监管	1
	一类医疗器械生产企业备案登记	1
	保健品经营审核权	1
	药物临床、非临床研究管理规范	1
整合职能	整合质量技术监督局的生产环节食品安全监督管理职责	29
	整合工商行政管理局的流通环节食品安全监督管理职责	29
	整合质量技术监督局的化妆品生产行政许可、强制检验职责	28
	整合食品安全检验机构资质认定职责	23
	整合原食品安全委员会相关协调职责	21
	建立统一的食品安全检测技术支撑体系	18
	整合质量技术监督局医疗器械强制性认证职责	17
	整合商务局酒类食品安全监督管理职责	6
	整合编制食品药品地方性法规与技术规范职责	6
	整合查处食品安全事故职责	6
	整合组织编制、实施药典职责	5
	整合农牧业厅农产品安全监督管理职责	1

资料来源：《中国食品安全发展报告 2014》。

    2013 年地方食品安全监管体制改革开启后，逐步形成了省、市、县三个层面独立设置食品药品监督管理局的"直线型"机构模式，但各地也呈现出了监管机构模式多元化的趋势，如深圳市早期整合了工商、质检等多部门职能设立市场监督管理局，2014 年又组建了市场和质量监督管理委员会，下设深圳市市场监督管理局、市场稽查局和食品药品监督管理局，并在区一级分设市场监督管理分局和食品药品监督管理分局直属市局；浙江省在食品安全监管体制改革中，保持省一级原有机构不变，地市一级自主设置机构，在县级层面则整合工商、质检、食品药品监管职能设立市场监督管理局，形成了上下两级倒金字塔形的监管体制模式，实践证明这种模型行之有效，此后多地也开始先后采用这一模式。

三、地方食品安全监管体制改革案例

（一）北京市食品安全监管体制创新经验

北京市食品安全监管体制基本与国家层面保持一致，其监管体制方面的创新安排主要体现在：第一，保留原有的独立设置的药品监督管理局，并未改革成为综合性的食品药品监督管理局，药品监督管理局仍承担本地区药品安全监管工作，在全国范围内只此一家；第二，重点突出工商行政部门的监管作用，北京市将食品安全委员会办公室设在市工商局，以此凸显工商行政部门在食品安全监管中的重要地位；第三，卫生部门未曾承担本地区食品安全综合监督职责，只负责消费环节的食品安全监管工作（周清杰，2009）。

除此之外，北京市又创新了以下几项监管机制：一是完善食品安全监测体系。北京市工商局成立了监控中心，长期对国内外政府、科研机构和媒体网站所发布的信息进行实时监控，分析食品安全热点问题，进行风险监测与评估，便于及时处理重大食品安全突发事件。同时还以监控中心为核心构建了舆情信息动态监控技术平台、风险监测评估预警技术平台、突发事件应急处置技术平台、监管技术研发转化技术平台等，此外还建立了北京市食品经营者电子台账系统，记录经营食品的基本信息，从技术上实现食品全程可追溯，通过技术手段保障食品安全。二是建立联防机制，与河北省、天津市等周边地区建立联合防控机制，提升食品安全综合执法效能。三是构建万名监督员组织网络，全市培训上万名食品安全监督员，并对各级监管人员、食品生产经营单位负责人每年进行不少于40小时的食品安全培训。通过以上举措，北京市初步建立了统一、高效、信息化的食品安全综合协调监管机制。

（二）上海市的食品安全监管体制创新经验

上海市自2005年开始实施食品安全监管体制改革及监管职能调整，2011年5月建立上海市食品安全委员会统筹和协调组织食品安全监管工作。上海市食品安全委员会在其食品安全监管体系中具有最高监督、协调的权力与地位，从而使上海市形成了"上海食办统一领导、区县政府负责、多部门分段监管"的食品安全监管体制。2013年根据国务院《机构改革和职能转变方案》以及《关于地方改革完善食品药品监督管理体制的指导意见》，上海市印发了《关于改革完善本市食品药品监督管理体制的实施意见》，将原质量技术监督部门承担的食品生产环节安全监管职责、工商行政管理部门承担的食品流通环节安全监管工作整合至食品药品监督管理部门。上海市的食品安全监管进入综合性食品安全监管体制阶段。

上海市的食品安全监管体制创新具体体现在：第一，在区县一级开展基层监管体系建设创新改革，明确"一个主管领导""一个协调机构""一个办公区域""一个检测中心"，全面整合监管资源，明确食品安全委员会的综合协调职能与地位。第二，强化食品安全风险监测机制，在全市范围建立"从农田到餐桌"的全覆盖食品安全监测网络，逐步建立起无缝衔接的监管体系。多年来监管网络不断完善，自 2015 年以来，上海市各级街镇全部建立区一级市场监管局的派出机构——市场监管所，并在各社区设立食品安全"一站三员"（即食品安全工作站和兼职食品安全检查员、信息员、宣传员），初步形成了市、区、街道、社区的四级食品安全监管网络。第三，科学监管水平不断提高，2005 年上海市在食品药品监督所设立食品安全风险评价中心，根据监督抽检结果开展风险评估，成为中国最早建立食品安全风险评估机制的城市之一。

第三节 我国食品安全监管法律法规体系建设

作为食品安全监管制度支撑体系中的重要部分，食品安全监管法律法规体系建设与食品安全监管体制改革的进程具有一定的同步性，二者对于我国食品安全监管均发挥着重要作用，本节将对我国食品安全监管的相关法律法规体系建设做一梳理。

一、食品安全监管核心法律法规建设

我国食品安全监管的法律法规体系建设基本与食品安全监管体制改革保持同步。在卫生部门主导阶段，基本遵循的法律是《食品卫生法》。1995 年颁布《食品安全法》以后，逐渐开始确立以食品药品监督管理部门主导的分阶段食品安全监管体制，此后随着《食品安全法》的逐次更新、修订，食品安全监管体制也得以不断发展，监管机构与监管职能不断整合。

中华人民共和国成立初期，大部分食品安全事件均是发生于消费环节的食品中毒事故，因此当时食品安全被看作等同于食品卫生。1965 年多个部委联合出台的《食品卫生管理试行条例》被认为是 1949 年以来我国第一部综合性食品卫生法规，也是《食品卫生法》的前身。改革开放之后，伴随国家经济体制的深刻变革，国营食品生产企业越来越多地被个体私营经济取代，食品生产经营渠道趋于多元化，随之而来的是食品安全事件的频频发生。在此背景下，《中华人民共和国食品卫生法（试行）》（以下简称《食品卫生法（试行）》）于 1982 年 11

月 19 日通过，并于 1983 年 7 月 1 日起正式施行。《食品卫生法（试行）》主要在以下几个方面进行了规定：一是初步确立了食品卫生监督机构在监管当中的核心地位；二是明确了食品生产经营企业与行业主管部门的食品安全管制职责；三是明确提出食品卫生要求，施行卫生标准制度。

随着食品工业的不断发展，试行的《食品卫生法》难以满足现实的监管需求，1995 年 10 月第八届全国人大常委会第十六次会议正式通过修订后的《中华人民共和国食品卫生法》，增强了卫生行政部门在执法中的权力，并将食品安全监督管理权直接赋予各级卫生管理行政部门。

2000 年以后，新的监管体制改革又对监管法律法规提出了新的要求，农业部、卫生部、国家质量监督局、工商行政管理局等部门分段监管的监管体制一定程度上削弱了卫生部门在食品安全监管中的主导地位，与之相应的《食品卫生法》也越来越难以适应新时期的监管需要。在分段监管体制下，传统的食品卫生监管仅覆盖生产、加工、流通、消费环节，初级农产品的生产环节成为监管盲区。

在以上背景下，2006 年《农产品质量安全法》正式施行。该法律被认为是我国首部关系到广大民众身体健康与生命安全的食品安全法律，且与《食品卫生法》《产品质量法》相互衔接、补充，《农产品质量安全法》的出台被认为是完善我国食品安全监管分段监管体制下法律体系的最后一块拼图。

分段监管体制的形成、食品安全内涵不断扩大以及食品安全问题频发亟待解决的现实需求，是《食品安全法》出台的内在驱动因素。传统的食品卫生概念以及《食品卫生法》已经无法满足监管需要，随之而来的是立法理念的转变。2009 年《食品安全法》在十一届全国人大第七次会议上通过，强调"从农田到餐桌"的全过程监管理念以及食品安全风险评估的重要性，扩大了监管对象的范围，进一步明确了相应的罚则。此后在 2009 年《食品安全法》的基础上，又做了多次修订。2013 年十二届全国人大常委会提出了《食品安全法》修订草案，围绕强化企业主体责任、强化地方政府责任落实、完善食品安全社会共治、加大违法违规行为惩处力度等方面进行了补充，2014 年国务院常务会议讨论通过了该修订草案。

2015 年 4 月 24 日，经过三次审议的《食品安全法》由第十二届全国人大常委会第十四次会议通过。新《食品安全法》于 2015 年 10 月 1 日正式施行。着力于建立最严格的食品安全监管制度，积极推进食品安全社会共治格局成为我国食品安全监管体制改革的主导思想。新的《食品安全法》主要突破体现在设计最严格的监管机制、加大对违法行为处罚力度、推进食品安全社会共治三个大的方面。此外，新《食品安全法》还填补了互联网食品交易监管的空白，明确网络食品第三方交易平台的一般性义务。新《食品安全法》的颁布对我国食品监管体制和模式的变革将产生深远影响。新《食品安全法》推行后，监管部门将根据食品安全风险监测、评估结果等确定监管重点、方式和频次，实施风险分级管理，该项规定将有利于监管部门合理配置监管资源、落实食品企业质量安全主体责任。同时，通过风险管理、全程可追溯、信用档案等一系列方式明确被监管企业和监管部门的主体责任也是新《食品安全法》颁布对于监管体制和监管方式的重要变革。

表5-3对2009年《食品安全法》与2015年新《食品安全法》的主要差异进行了整理，以说明新法所反映的食品安全监管重点工作思路的调整。

表5-3 2009年、2015年《食品安全法》的主要差异

2015年《食品安全法》	2009年《食品安全法》	主要差异
第一章 总则 第三条 食品安全工作实行预防为主、风险管理、全程控制、社会共治，建立科学、严格的监督管理制度	无	新法强调预防为主的食品安全风险控制与管理
第四条 食品生产经营者对其生产经营食品的安全负责	无	新法更加强调食品生产加工企业的责任认定
第五条 国务院食品药品监督管理部门依照本法和国务院规定的职责，对食品生产经营活动实施监督管理	第四条 国务院质量监督、工商行政管理和国家食品药品监督管理部门依照本法和国务院规定的职责，分别对食品生产、食品流通、餐饮服务活动实施监督管理	监管主体由"国务院质量监督、工商行政管理和国家食品药品监督管理部门"调整为"国务院食品药品监督管理部门"，这种表述还出现在县级及以上地方人民政府食品安全监管主体的认定中，在此不再赘述
第九条 食品行业协会应当加强行业自律，按照章程建立健全行业规范和奖惩机制，提供食品安全信息、技术等服务，引导和督促食品生产经营者依法生产经营，推动行业诚信建设，宣传、普及食品安全知识。消费者协会和其他消费者组织对违反本法规定，损害消费者合法权益的行为，依法进行社会监督	第七条 食品行业协会应当加强行业自律，引导食品生产经营者依法生产经营，推动行业诚信建设，宣传、普及食品安全知识	新法细化了行业协会职能，并新增了消费者协会与其他消费者组织的监督职责，更加强调食品安全社会共治

续表

2015 年《食品安全法》	2009 年《食品安全法》	主要差异
第十五条 承担食品安全风险监测工作的技术机构应当根据食品安全风险监测计划和监测方案开展监测工作，保证监测数据真实、准确，并按照食品安全风险监测计划和监测方案的要求报送监测数据和分析结果	无	新法强调食品安全风险控制，增加了有关风险监测的条目
第三十四条 禁止生产经营下列食品、食品添加剂、食品相关产品	第二十八条 禁止生产经营下列食品	新法重视对食品添加剂的监管，在第四章食品生产经营中，涉及食品种类的均增加了食品添加剂，并在第三十七条到四十条、第六十条、第七十条、第七十一条对食品添加剂监管做了详细规定。并删除了原版中的第四十三条至第四十六条
第四十二条 国家建立食品安全全程追溯制度。食品生产经营者应当依照本法的规定，建立食品安全追溯体系，保证食品可追溯。国家鼓励食品生产经营者采用信息化手段采集、留存生产经营信息，建立食品安全追溯体系。国务院食品药品监督管理部门会同国务院农业行政等有关部门建立食品安全全程追溯协作机制	无	新法重视食品安全可追溯体系的建设，第一次将可追溯体系写入法条当中
第四十七条 食品生产经营者应当建立食品安全自查制度，定期对食品安全状况进行检查评价。生产经营条件发生变化，不再符合食品安全要求的，食品生产经营者应当立即采取整改措施；有发生食品安全事故潜在风险的，应当立即停止食品生产经营活动，并向所在地县级人民政府食品药品监督管理部门报告	无	新法强调企业社会责任，鼓励企业建立食品安全自查制度

续表

2015 年《食品安全法》	2009 年《食品安全法》	主要差异
第六十二条　网络食品交易第三方平台提供者应当对入网食品经营者进行实名登记，明确其食品安全管理责任；依法应当取得许可证的，还应当审查其许可证。网络食品交易第三方平台提供者发现入网食品经营者有违反本法规定行为的，应当及时制止并立即报告所在地县级人民政府食品药品监督管理部门；发现严重违法行为的，应当立即停止提供网络交易平台服务	无	为了适应新时期出现的新问题，新法增加了对网络食品安全监管的内容
第七十四条　国家对保健食品、特殊医学用途配方食品和婴幼儿配方食品等特殊食品实行严格监督管理	第五十一条　国家对声称具有特定保健功能的食品实行严格监管。有关监督管理部门应当依法履职，承担责任。具体管理办法由国务院规定	鉴于以往发生的食品安全事件，更加重视对配方食品与特殊食品的监管，新增"特殊医学用途配方食品和婴幼儿配方食品等特殊食品"的要求，并新增第四节第七十五条至第八十三条，对保健食品、配方食品以及特殊食品的监管进行专门规定
第一百零二条　食品安全事故应急预案应当对食品安全事故分级、事故处置组织指挥体系与职责、预防预警机制、处置程序、应急保障措施等做出规定	无	重视食品安全事故应急处理，增加了食品安全事故分级及预警
第一百零九条　县级以上人民政府食品药品监督管理、质量监督部门根据食品安全风险监测、风险评估结果和食品安全状况等，确定监督管理的重点、方式和频次，实施风险分级管理	无	重视食品安全风险管理，新增食品安全风险分级管理
		第九章法律责任部分加大了对各种违法行为的刑事及行政处罚力度，在此不做一一赘述

表 5-4 则整理了 2000 年以来，我国有关食品药品监管的相关法律法规。

表 5-4　我国食品药品安全监管相关法律法规

年份	类型	名称	文号
2001	法律法规	《中华人民共和国药品管理法》（修订）	中华人民共和国主席令第 45 号
2002	法律法规	《中华人民共和国药品管理法实施条例》	中华人民共和国国务院令 360 号
2008	法律法规	《乳品质量安全监督管理条例》	中华人民共和国国务院令 536 号
2009	法律法规	《国务院关于加强食品等产品安全监督管理的特别规定》	中华人民共和国国务院令 503 号
2009	法律法规	《中华人民共和国食品安全法》	中华人民共和国主席令第 9 号
2009	法律法规	《中华人民共和国食品安全法实施条例》	中华人民共和国国务院令第 557 号
2015	法律法规	《中华人民共和国食品安全法》（修订）	中华人民共和国主席令第 21 号

二、食品安全监管的其他法规建设

伴随食品安全监管体制的改革，曾经承担过食品安全监管职责的部门也几经变更，这些监管机构所颁布的部门规章也对食品安全监管水平的提升与完善发挥了重要作用。笔者通过表 5-5 梳理了近 20 年来与食品药品监管相关的部门规章以及重要的规范性文件。

综合以上可以看出，随着我国食品安全监管体制改革的深入，食品安全法律法规体系也不断得到完善。2015 年新的《食品安全法》颁布施行之后，我国已经初步建立起了层次丰富、覆盖领域较为齐全的食品安全监管法律法规体系，形成了以食品安全法律为基础，以行政法规、部门规章、法律实施条例和细则以及地方性法规保障执行的立体化体系。以《食品安全法》和《农产品质量安全法》为核心，众多相关法律法规相互配合、补充，辅以其他多种性质的法律、规章、规范，可以尽可能地确保我国的食品安全监管工作有法可依，与现有的监管体制共同配合发挥作用。表 5-5 对我国食品药品监管领域中承担监管职能的各重要部门所出台的部门规章及规范性文件进行了整理。

表 5-5　我国食品药品监管相关部门规章及重要规范性文件

年份	类型	名称	文号
1999	部门规章	《餐饮业食品卫生管理办法》	卫生部令第 10 号
2001	部门规章	《食品添加剂卫生管理办法》	卫生部令第 26 号

年份	类型	名称	文号
2003	部门规章	《药品监督行政处罚程序规定》	国家食品药品监督管理局令第 1 号
2004	部门规章	《药品进口管理办法》	国家食品药品监督管理局令第 4 号
2004	部门规章	《互联网药品信息服务管理办法》	国家食品药品监督管理局令第 9 号
2004	部门规章	《药品生产监督管理办法》	国家食品药品监督管理局令第 14 号
2005	部门规章	《保健食品注册管理办法（试行）》	国家食品药品监督管理局令第 19 号
2006	部门规章	《农产品包装和标识管理办法》	农业部令第 70 号
2006	部门规章	《药品流通监督管理办法》	国家食品药品监督管理局令第 26 号
2007	部门规章	《新资源食品管理办法》	卫生部令第 56 号
2007	部门规章	《食品召回管理规定》	国家质量监督检验检疫总局令第 98 号
2007	部门规章	《食品标识管理规定》	国家质量监督检验检疫总局令第 102 号
2010	部门规章	《餐饮服务许可管理办法》	卫生部令第 70 号
2010	部门规章	《餐饮服务食品安全监督管理办法》	卫生部令第 71 号
2010	部门规章	《食品添加剂新品种管理办法》	卫生部令第 73 号
2010	部门规章	《药品生产质量管理规范》（修订）	卫生部令第 79 号
2010	部门规章	《食品添加剂生产监督管理规定》	国家质量监督检验检疫总局令第 127 号
2010	部门规章	《食品生产许可管理办法》	国家质量监督检验检疫总局令第 129 号
2011	部门规章	《进出口水产品检验检疫监督管理办法》	国家质量监督检验检疫总局令第 135 号
2011	部门规章	《进出口肉类产品检验检疫监督管理办法》	国家质量监督检验检疫总局令第 136 号
2011	部门规章	《进出口食品安全管理办法》	国家质量监督检验检疫总局令第 144 号
2012	国务院规范性文件	《国务院关于加强食品安全工作的决定》	国发〔2012〕20 号
2012	部门规章	《饲料和饲料添加剂生产许可管理办法》	农业部令第 3 号
2012	部门规章	《新饲料和新饲料添加剂管理办法》	农业部令第 4 号
2012	部门规章	《绿色食品标志管理办法》	农业部令第 6 号
2012	部门规章	《农产品质量安全监测管理办法》	农业部令第 7 号
2012	规范性文件	《食品安全国家标准"十二五"规划》	8 部委联合制定，卫监督发〔2012〕40 号
2012	规范性文件	《食品安全国家标准跟踪评价规范（试行）》	卫监督发〔2012〕81 号
2012	部门规章	《进口食品境外生产企业注册管理规定》	国家质量监督检验检疫总局令第 145 号

年份	类型	名称	文号
2012	规范性文件	《进出口预包装食品标签检验监督管理规定》	国家质量监督检验检疫总局 2012 年第 27 号公告
2012	规范性文件	《进口食品进出口商备案管理规定》	国家质量监督检验检疫总局 2012 年第 55 号公告
2012	规范性文件	《食品进口记录和销售记录管理规定》	国家质量监督检验检疫总局 2012 年第 55 号公告
2013	国务院规范性文件	国务院《关于地方改革完善食品药品监督管理体制的指导意见》	国发〔2013〕18 号
2013	部门规章	《进出口乳品检验检疫监督管理办法》	国家质量监督检验检疫总局令第 152 号
2013	部门规章	《新食品原料安全性审查管理办法》	国家卫生和计划生育委员会令第 1 号
2013	规范性文件	《食品药品违法行为举报奖励办法》	国食药监办〔2013〕13 号
2013	规范性文件	《关于进一步加强食品药品监管信息化建设的指导意见》	国食药监办〔2013〕32 号
2014	部门规章	《食品药品行政处罚程序规定》	国家食品药品监督管理总局令第 3 号
2014	部门规章	《食品药品监督管理统计管理办法》	国家食品药品监督管理总局令第 10 号
2015	部门规章	《食品安全抽样检验管理办法》	国家食品药品监督管理总局令第 11 号
2015	部门规章	《食品召回管理办法》	国家食品药品监督管理总局令第 12 号
2015	部门规章	《食品生产许可管理办法》	国家食品药品监督管理总局令第 16 号
2015	部门规章	《食品经营许可管理办法》	国家食品药品监督管理总局令第 17 号
2015	部门规章	《食品检验机构资质认定管理办法》	国家质量监督检验检疫总局令第 165 号
2016	部门规章	《食用农产品市场销售质量安全监督管理办法》	国家食品药品监督管理总局令第 20 号
2016	部门规章	《保健食品注册与备案管理办法》	国家食品药品监督管理总局令第 22 号
2016	部门规章	《食品生产经营日常监督检查管理办法》	国家食品药品监督管理总局令第 23 号
2016	部门规章	《特殊医学用途配方食品注册管理办法》	国家食品药品监督管理总局令第 24 号
2016	部门规章	《婴幼儿配方乳粉产品配方注册管理办法》	国家食品药品监督管理总局令第 26 号
2016	部门规章	《网络食品安全违法行为查处办法》	国家食品药品监督管理总局令第 27 号
2016	部门规章	《进出境粮食检验检疫监督管理办法》	国家质量监督检验检疫总局令第 177 号
2017	部门规章	《网络餐饮服务食品安全监督管理办法》	国家食品药品监督管理总局令第 36 号
2017	部门规章	《出口食品生产企业备案管理规定》	国家质量监督检验检疫总局令第 192 号

第六章　我国食品安全监管体制分析与设计

　　监管体制改革一直以来是我国食品安全监管改革中的重点，多年来我国政府在中央到地方的监管体制改革中进行了多种尝试和不懈努力。本章笔者将对食品安全监管领域存在的效果不明显问题，试图从监管体制当中的重要一环——监管主体这一角度出发，分析监管体制中可能存在的问题，并在后文中提出相应的解决方案，并与我国多年以来不断进行的食品安全监管体制改革实践进行相互印证。

　　Darby 和 Karni（1973）在 Nelson（1970）的基础上，根据交易双方对于有关商品质量信息不对称的程度，将商品的质量属性划分为三类：搜寻质量属性（search qualities）、经验质量属性（experience qualities）和信任质量属性（credence qualities）。其中，买方于购买前即可获知的质量属性称为搜寻质量属性，比如衣物的款式或食品的外形；买方在购买前无法获知但在购买后经使用即可获知的质量属性为经验商品属性，如食物的口味；买方在购买后也难以确定的质量属性称之为信任质量属性，最典型的就是医疗服务和食品营养安全程度。相应地，具有三种属性的商品又称之为搜寻品（search goods）、经验品（experience goods）和信任品（credence goods）。食品本身同时具有三种属性，其外形属于搜寻属性，口味属于经验属性，而营养和安全水平则属于信任品属性。食品本身的营养成分和安全程度等信息对于消费者来说几乎是无法准确获得的，而且很多食源性疾病为慢性疾病，即使食用后对健康产生负面影响，也无法将影响完全归因于消费了该食品。食品安全的信任品属性是食品买卖中存在信息不对称以及由此导致市场失灵问题的根源。由此也说明施行食品安全监管、对企业行为进行监督规范的必要性。

　　实证分析的结果表明，我国目前的食品安全监管程度虽然在不断增强，但其效果并不明显。笔者认为，导致这一现象的一个内在原因是，食品安全监管体制本身具有复杂性，尤其是食品安全监管主体的权力配置问题。由于食品行业监管本身面临多重委托—代理问题，存在着包括政府（监管机构）、企业、立法机构（代表消费者利益和社会福利）在内的多重委托—代理关系，监管的环节中存在着道德风险问题，委托—代理链条冗长影响监管效率，同时监管机构作为这一委托—代理链条的中间环节，是整个食品安全监管当中的关键所在，其权力配置的方式也直接影响着最终的监管效果。

下文中，笔者将打开这一多重委托—代理链条，分别就监管机构作为代理人和委托人的两种情况展开研究，最后整体分析这一委托—代理模型。

第一节　监管机构作为代理人的视角

以监管机构作为代理人讨论监管机构完成监管任务过程当中的委托—代理问题，属于工作设计（job design）问题，该委托—代理过程中存在多个监管机构代理人和多项监管任务，其核心是探讨如何将多项任务在代理人之间分配，以达到在满足监管机构个体理性约束的同时使委托人和代理人激励相容的目的。国外在该领域的专家学者包括 Holmstrom 和 Milgrom（1991）、Itoh（1992，1994，1996）以及 Meyer 等（1996），分别从不同的角度对工作设计进行了深入分析。

一、不存在任务重叠的多任务委托—代理

本节将讨论监管机构作为代理人，存在多个代理人和多个任务的委托—代理情况。本节以 Holmstrom 和 Milgrom（1991）的线性模型为基础，假设监管机构作为代理人，代表消费者和社会公共利益的立法机构和国务院作为委托人。委托人作为社会公共利益的代表，其目的是通过一定的激励手段在完成监管任务的基础上实现社会总剩余的最大化。在本节中，监管机构将作为"理性经济人"出现，将监管机构看作是有自身利益诉求的理性人，也是西方规制经济学自利益集团规制理论以来被普遍接受的假设。与代表公共利益的立法机构和国务院不同，监管机构并不以社会福利最大化作为其唯一的利益诉求，而是有其单独追求的部门利益。部门利益一部分来源于国务院所给予的补偿支付佣金（相当于监管机构行使监管职能所获得的报酬或工资），同时监管机构也有可能通过寻租行为获得更多的部门利益。作为代理人的监管机构以成本 $C(t)$ 行使监管行为，并付出努力 t，努力程度 t 是一个向量 $t = (t_1, t_2, \cdots, t_n)$。

假设委托人拥有两个监管工作任务 $k = 1，2$ 需要完成。假设代理人监管机构通过工作所获得收益即工作效果为 $x = t_1 + t_2 + \varepsilon$，$t_k$ 代表委托人无法直接观测到

的代理人 i 为任务 k 所付出的努力程度，$t_k \geq 0$，ε 为误差项。代理人拥有共同信息，且 ε 服从均值为 0，方差为 $\sigma^2 > 0$ 的正态分布。由于代理人的努力程度无法被委托人观测到，假设代理人监管机构通过工作所获得的收益是唯一能在委托—代理契约中体现的显性信息。

委托人主要通过给代理人支付佣金报酬和选择任务分配方式来实现对代理人监管机构的激励。同时考虑到委托人本身也有完成工作的能力，但无法单独完成任务，在本节的研究范围内，可以认为代表广大消费者利益的国务院本身可以自行承担食品安全监管的任务，但是因为部门职能专门化等原因，实际中这种方式显然并不可行，往往需要将监管任务委托给其他专门化的部门进行。因此，委托人可以考虑三种不同的任务分配模式：①局部委托，委托人将其中一个任务分配给代理人，自己承担另一项任务；②非专门化完全委托，委托人将两项任务全部委托给一个代理人；③专门化完全委托，委托人将任务 $k(k=1,2)$ 分别委托给不同的代理人 $i(i=1,2)$。用 $w(x)$ 表示在局部委托和非专业化完全委托情况下，代理人所获得的支付佣金；用 $w_i(x)$ 来表示在专业化完全委托情况下，代理人 i 所获得的支付佣金。

代理人监管机构被指派工作任务将会产生成本。在非专门化完全委托的情况下，由于被委派任务的代理人监管机构需要同时完成两项工作任务，其成本可假设为 $\hat{C}(t_1, t_2)$；其他模式下，承担任务 1 的一方（可能是委托人也可能是代理人）成本为 $C_1(t_1) = \hat{C}(t_1, 0)$（相应地有 $C_2(t_2) = \hat{C}(0, t_2)$）。同时为了便于分析，这里假设成本函数为二次式，且为：$\hat{C}(t_1, t_2) = \frac{1}{2}ct_1^2 + \frac{1}{2}ct_2^2 + \delta ct_1 t_2$，$c > 0$ 且 $\delta \in [0, 1]$。参数 δ 用来表示不同任务之间的成本可替代程度。当 $\delta = 0$ 时，两个任务之间是相互独立的；当 $\delta > 0$ 时，增加对任务 1 的努力程度将会提高对任务 2 投入努力程度的边际成本；当 $\delta = 1$，两个任务可以完全互相替代，成本将只取决于总的努力程度 $t_1 + t_2$。进一步假设两个任务的成本函数是对称的，即 $C_1(t) = C_2(t) = \frac{1}{2}ct^2$。由于对称性，在局部委托的情况下仅需考虑代理人接受任务 1 的情况即可。用 $d \in [p, n, s]$ 代表任务的分配模式：$d = p$ 表示局部委托；$d = n$ 表示非专门化完全委托；$d = s$ 表示专门化完全委托。

假设委托人是风险中性的，而代理人是风险回避者，其偏好可以用指数效用函数来表示，$\gamma > 0$ 为其绝对风险规避系数，纯收入（代理人所获得的支付减去成本）为 I，则其效用函数可以表示为 $-\exp\{-\gamma I\}$。同时假设委托人所选择的可能代理人监管机构的绝对风险规避系数和纯工作效率相等，且代理人所能接受的最低保留支付为 0。在 $d \in [p, n]$ 两种情况下，代理人所获得支付采用线性函数形式 $w(x) = \alpha x + \gamma$；在 $d = s$ 即专门化完全委托的情况下，代理人 i 所获得的支付为

$w_i(x) = \alpha_i x + \gamma_i$，$i = 1$，2。$\alpha$ 为委托人的任务分配参数，可以配合支付佣金形成对代理人监管机构的激励。给定一种任务分配模式，委托人可以在激励相容约束下，通过选择任务分配参数 α 或 (α_1, α_2) 来使参与者通过完成任务所获得的联合确定性等价剩余最大化。则集中任务分配模式下的联合确定性等价剩余可以表示为：

$$t_1 + t_2 - C_1(t_1) - C_2(t_2) - \frac{1}{2}\gamma\sigma^2\alpha^2，\quad 当 d = p \ 时 \tag{6-1}$$

$$t_1 + t_2 - \hat{C}_1(t_1, t_2) - \frac{1}{2}\gamma\sigma^2\alpha^2，\quad 当 d = n \ 时 \tag{6-2}$$

$$t_1 + t_2 - C_1(t_1) - C_2(t_2) - \frac{1}{2}\gamma\sigma^2\alpha_1^2 - \frac{1}{2}\gamma\sigma^2\alpha_2^2，\quad 当 d = s \ 时 \tag{6-3}$$

激励相容约束可以表示为：

当 $d = p$ 时，对代理人而言 $\alpha - C'_1(t_1) = 0$，对委托人而言 $(1-\alpha) - C'_2 = 0$

$$\tag{6-4}$$

当 $d = n$ 时，$\alpha - \hat{C}_{a_1}(t_1, t_2) = 0$ 且 $\alpha - \hat{C}_{a_2}(t_1, t_2) = 0$ $\tag{6-5}$

当 $d = s$ 时，$\alpha_1 - C'_1(t_1) = 0$ 且 $\alpha_2 - C'_2(t_2) = 0$ $\tag{6-6}$

用 α_d^* 来表示委托模式 d 下的最优任务分配参数，由于之前对于两个代理人的禀赋假设是对称的，因而对于两个代理人而言在专门化完全委托情况下其最优的分配参数也是相等的。笔者将基于一定的任务分配模式和分配参数组合 (d, α_d^*) 之下的联合确定性等价剩余，来对不同的任务分配模式进行比较，委托人将会倾向于选择联合确定性等价剩余最大的一种任务分配模式。

首先考虑不同代理人之间的任务分配问题。假设委托人将所有任务均委派给代理人，即 $d \in [n, s]$ 的完全委托情况，委托人将面临的选择是将两个任务完全委托给一个代理人即非专门化完全委托，还是将不同任务分配给不同的代理人即专门化完全委托。在这种情况下，两种任务分配模式各自的最优分配比率应为：

$$\alpha_n^* = \frac{2}{2 + (1+\delta)\gamma\sigma^2 c}，\qquad \alpha_s^* = \frac{1}{1 + \gamma\sigma^2 c} \tag{6-7}$$

其次讨论对于一组外生的参数 (c, γ, σ^2) 不同设定下的各种情况，当 $\delta = 1$ 即两个任务可以完全互相替代时，有 $\alpha_n^* = \alpha_s^*$，当然这并不是说在不同的任务分配模式下最优的努力程度是完全相等的，事实上，在非专门化完全委托的情况下，总努力程度应该满足 $\alpha_n^* = c(a_1 + a_2)$，而在专门化完全委托情况下则有 $\alpha_s^* = ca_i$ 对于 $i = 1$，2 成立。因此，可以说 $d = s$ 的专门化完全委托将比 $d = n$ 的非专门化完全委托产生更大的联合剩余。当 $\delta = 0$ 时，有 $\alpha_n^* > \alpha_s^*$。根据激励相容约束，在 (n, α_n^*) 的委托—代理契约下代理人所选择的努力程度等于 (s, α_s^*) 下的最优努力程度，但在前者情况下的联合剩余更高。因此可以说，当 $\delta=0$ 时，$(n,$ $\alpha_n^*)$ 契约产生的联合剩余大于 (s,α_s^*) 契约，非专门化完全委托是相对更有效的任务分配模式。由于 α_n^* 随 δ 递减，且联合剩余随 α 递增，故 $d=n$ 情况下，联合剩余的最优值随 δ 递减，又由于 $d=s$ 情况下联合剩余的最优值独立于 δ，故有命题 1：

对于一组固定的外生参数 (c,γ,σ^2)，存在 $\bar{\delta}\in(0,1)$ 使对所有 $\delta<\bar{\delta}$，委托人相对于专门化完全委托更倾向于非专门化完全委托。

这一分析结果的一个意义在于，当存在多个任务的情况下委托人更倾向于将一系列监管任务交付给同一个代理人监管机构来执行。如果代理人的所有行动均是可以被监督的，则在 $\delta>0$ 的情况下，委托人不会选择将两项任务委托同一代理人执行，但通常情况下，代理人的行动并不完全可观测，在给定 (c,γ,σ^2) 的情况下，非专门化完全委托会获得更多的联合剩余。

这一结论对于公共部门的委托—代理，尤其是我国食品安全监管领域具有一定的现实意义。我们通常认为若委托人需要执行的两项工作任务相互独立，即 $\delta=0$，由于工作任务不可相互替代，则交付两个不同的专门监管机构来执行工作任务更为适宜，这也是过去多年以来我国食品安全监管体制一贯执行的策略，即职责部门间高度分工。然而从总联合剩余最大，以实现激励监管机构最大限度地努力工作，避免寻租现象的角度来看，非专门化完全委托是一种更为有效的激励形式。在监管机构作为代理人的模型中，将所有监管任务交付给同一个监管机构来执行是一种激励有效的策略选择，这类似于当前所进行的食品安全监管领域的大部制改革。

最后进一步考虑任务的最优委托比例问题。在 $d=p$ 的局部委托情况下，最优的分配比率可以写为 $\alpha_p^*=\dfrac{1}{2+\gamma\sigma^2c}$，$\alpha_p^*$ 的取值通常要低于 α_n^* 和 α_s^*。在这一任务分配模式下，需要同时实现对委托人和代理人的激励，实际上增加对代理人的支付会相应降低从事任务的委托人的积极性，这一分配模式的极限是完全委托。因此通过比较三种任务分配模式的联合剩余可以得出命题 2：

对于任意 $\delta\in[0,1]$，如果 c，γ 和 σ^2 取值足够小，则任何一种完全委托模式，无论专业化完全委托（$d=n$）还是非专业化完全委托（$d=s$）均优于局部委托（$d=p$）。

该命题说明，相对于委托人自行完成工作任务，将任务完全委托给代理人完成是一种联合剩余更大的选择，其本身也是一种有效的激励方式。当然，完全委托的任务分配方式会带来相应的成本，由于代理人完全承担责任也会导致更高的风险。

对最优任务分配模式产生影响的重要参数包括 σ^2 和 c。根据假设，方差 σ^2 可以用来衡量测度联合效果的难度，若 σ^2 无限趋于 0，由于分配比率接近于 1，则两种完全委托模式均可达到最优；相反，若 σ^2 取值较大，联合效果难以测度，则完全委托风险成本较高，相对而言局部委托能够产生较大的联合剩余。

参数 c 可以用来表示一项任务的困难程度。c^{-1} 表示在局部委托或专业化完全委托情况下，完成某个任务面对激励时所做出的努力响应。根据激励相容约束，在局部委托情况下，有 $\partial t_1/\partial\alpha = \partial t_2/\partial(1-\alpha) = c^{-1}$；相应地，在专业化完全委托情况下，有 $\partial t_1/\partial\alpha_1 = \partial t_2/\partial\alpha_2 = c^{-1}$；非专业化完全委托情况下，有 $\partial t_1/\partial\alpha = \partial t_2/\partial\alpha = [(1+\delta)c]^{-1}$。无论在何种情况下，分配参数 α 均随 c^{-1} 递增，也就是说对于如果代理人监管机构面对激励具有较强的响应，则会受到更强的激励，而这种对激励的响应是可控的。以上命题潜在地说明委托人可以通过改善代理人工作条件，为其提供工作便利来降低努力的边际成本 c，或者提高其对于任务的决定权来实现更有效的激励。

二、考虑任务重叠的多任务委托—代理

前文的分析中并未考虑任务重叠的可能。所谓无任务重叠即委托人同时委托两个代理人监管机构，且代理人各自具有承担不同监管任务的专门化优势且不会对其他任务付出努力。但是在现实中，往往是委托人将一系列任务委托给多个代理人，代理人监管机构虽然对不同任务具有专业化优势，但也可能同时承担同一任务，出现监管任务重叠的情况。对应的一个现实例子就是食品安全监管当中存在的不同监管机构之间权责交叉的问题，尽管曾经施行分环节监管，但经常出现对某一食品安全问题不同部门同时参与管理的现象。

当总体效果可以测度并通过契约协定时，即使不同任务之间几乎是完全可替代的，不同代理人之间的任务分享仍可达到最优。

首先假设可替代程度参数 δ 的取值足够高以至于专门化的完全委托成为最优选择。用 t_1^* 来表示代理人 1 在完成任务 1 时所付出的最优努力程度，同时满足激励相容约束 $\alpha_s^* - ct_1^* = 0$。进一步假设代理人监管机构拥有的专业技术采取线性函数形式：$x = t_1 + t_2 + h_1 + \varepsilon$。$\alpha_s^*$ 取固定值，且存在一组 (t_1, h_1) 满足新的激励相容约束：

$$\alpha_s^* - \hat{C}_{t_1}(t_1, h_1) = 0 \tag{6-8}$$
$$且 \ \alpha_s^* - \hat{C}_{h_1}(t_1, h_1) = 0 \tag{6-9}$$

最优解满足 $t_1 + h_1 = 2[(1+\delta)c]^{-1}$，对于任意的 $\alpha_s^* > \alpha_1^*$，$\delta < 1$ 均成立。因此，通过允许不同的代理人共享同一任务，可以实现更高的联合剩余。

还有一种存在任务重叠的情况是，委托人可以通过使用相对效果评估方法来实现对代理人监管机构之间"竞争"的促进，前提是不同任务完成的效果可以被单独观测到。委托人可能面临着限制任务重叠并使用相对效果评估与允许任务重叠共享并使用联合效果进行评估之间的权衡取舍。

进一步考虑相对效果的问题。假设存在三项任务 $k=1$，2，3，仍然只有两个代理人监管机构，委托人自身也需要承担一项工作任务。继续用 t_1，t_2，t_3 来表示包括委托人和代理人在内的参与者分别对三项任务所付出的努力，且存在两种代理人监管机构完成工作任务的效果测度指标 x_1 和 x_2，分别可以表示为 $x_1 = t_1 + t_3 + \varepsilon_1$ 和 $x_2 = t_2 + t_3 + \varepsilon_2$，服从正态分布的误差项 ε_1 和 ε_2 是随机独立的。根据假设可以看出，任务 1 和任务 2 的完成情况只影响一种效果，而任务 3 则同时影响两种效果的测度。进一步假设有两个代理人 $i=1$，2，代理人 1 从事任务 1，代理人 2 承担任务 2，委托人自身承担任务 3，两个代理人所获得的支付佣金可以分别表示为：

$$w_1(x_1, x_2) = \alpha_1 x_1 + \alpha_2 x_2 + \alpha_0 \qquad (6-10)$$

$$w_2(x_1, x_2) = \beta_1 x_1 + \beta_2 x_2 + \beta_0 \qquad (6-11)$$

用 $C_i(t_i)$ 来表示参与者对于任务付出努力的成本，激励相容约束包括：

$$\alpha_1 - C'_1(t_1) = 0 \qquad (6-12)$$

$$\beta_2 - C'_2(t_2) = 0 \qquad (6-13)$$

$$且(1 - \alpha_1 - \beta_1) + (1 - \alpha_2 - \beta_2) - C'_3(t_3) = 0 \qquad (6-14)$$

前两式是对代理人的激励相容约束，第三式是对承担任务 3 的委托人的约束条件。为了对代理人提供足够的激励，则必须保证 $\alpha_1 > 0$ 且 $\beta_2 > 0$，这将进一步降低委托人所受激励，由于 α_2 与 β_1 同时存在于委托人的激励相容约束当中，用于提高对委托人的激励，可知在最优情况下，α_2 与 β_1 均为负值。由假设可知，代理人 i 所获得的支付佣金不仅取决于本身的绝对效果 x_i，同时取决于相对效果 $x_1 - x_2$，在这种情况下，对于委托人而言，令代理人互相共享任务仍然是更优的选择。而且委托人可以通过将任务 3 也委托给代理人来进一步扩大联合剩余，并激励代理人共同承担同一项任务并承担连带责任，也即令 $\alpha_i > 0$ 且 $\beta_i > 0$。

在存在多项任务和多个代理人的情况下，以上分析再次证明了委托人将所有任务委托给一个代理人是使联合剩余最大化的最优选择。这种任务分配情况要优于委托人自己承担一部分任务的局部委托，和将不同任务委托给不同代理人监管机构的专门化完全委托。结合现实，在我国食品安全监管中，面对复杂的监管问题，存在多个监管环节和多种监管任务，最理想的任务分配方式应是存在一个单独的食品安全监管机构承担所有监管任务，但由于现实原因，这种理论上的理想化策略可能无法完全实现。

三、监管机构作为代理人视角的进一步讨论

基于前文的分析，可以发现在三种任务分配方式中非专业化完全委托是一种相对最优的任务分配模式。实际上，在委托人是被广大民众赋予最高权力的立法机构和具有最高行政权力的中央行政机构，代理人作为监管机构被赋予具体权力的假设下，这种非专业化完全委托接近于我国目前所推行的大部制改革，即委托人将不同的任务尽可能委派给同一个代理人完成。相对而言，非大部制的权力配置方式则是委托人将不同任务分配给不同代理人的专业化完全委托。

然而在实际情境下，制度设计者除了面对现实行政体制的约束外（无论何种既定行程的行政体制和权力配置模式都难以在短时间内完全改变），还面临着在专业化完成任务的高效率、部门协调及重置成本以及部门合并风险等因素之间进行权衡取舍，并不只是简单地选择联合剩余最大的一种最优任务分配模式。在综合考虑多部门共同监管的协调成本以及部门进一步整合的重置成本、合并风险等因素的情况下，监管权力与监管机构的整合将面临多方面的约束，因而将所有监管任务委托同一监管机构执行的理想情况在现实中也难以实施。基于这样的考量，下文将讨论作为公共部门的监管机构，在面临现实的约束条件时，如何更为有效地分配监管任务，并从现实出发探讨适应于我国食品安全监管的监管权力配置方式。

在考虑到机构间的协调成本和机构合并的重置成本的情况下，仍可通过专业化完全委托与非专业化完全委托进行对比，分析我国食品安全监管所应选择的最优任务分配也即权力配置方式。皮建才（2011）指出，无论在何种任务分配模式下，委托人的期望效用均会随任务的困难程度、任务的风险程度、代理人的绝对风险规避系数而递减。然而在专业化完全委托的情况下，代理人监管机构之间因协调和摩擦带来的额外成本会对委托人的期望效用产生负影响；在非专业化完全委托情况下，机构合并的风险系数对委托人的期望效用会产生负向影响，任务间的可替代性则对委托人期望效用有正向影响。基于以上各种影响因素分析可知，在其他所有因素不变的条件下，代理人部门间的协调和摩擦所导致的额外成本越大，则会导致专业化完全委托的优势变小，非专业化完全委托占优的概率提升；而部门间合并的风险系数越大，则专业化完全委托的优势变大，非专业化完全委托占优的概率下降；此外，任务间的可替代性越强，非专业化完全委托相对于专业化完全委托占优的概率会提升。

实际上，这也较为符合通过常识所得出的判断，我们同时也可将这种一般性的大部制改革分析推衍至食品安全监管体制改革。现有部门的协调成本越高，工作间由于职能交叉重叠导致的资源浪费越多，则整合现有部门采取大部制方向的

改革则越有利；不同的监管任务之间同质性越强，则更容易由单一监管机构来行使监管职能；但考虑到部门合并的风险和成本问题，则维持多部门分环节各自行使监管职能的模式相对更有利。

基于以上分析，笔者对比了面对多项监管任务的情况下，委托人向多个代理人监管机构分配任务时，局部委托、专业化完全委托与非专业化完全委托何种是更优的任务分配模式，并分析了在选择更优的任务分配模式时存在哪些因素影响以及影响的方式。结合现实尤其是我国的食品安全监管实践，可知目前开始启动推行的我国食品安全监管体制的大部制改革，通过推进现有监管机构不断整合，有利于更好地完成委托人所赋予的监管任务，从而更好地为社会公共利益服务，并可以降低监管机构之间由于监管任务重叠所导致的协调和摩擦成本。但改革过程中的机构更迭、人员和财产资源的流动和重新配置、打破旧有行政体制所遇到的来自既得利益者的阻力也都将形成巨大的成本，即使现有各部门整合归一，合并后的新部门内部在运行过程中也并非完全不存在协调成本，因此大部制改革的推行必须经过一系列综合的权衡考量。此外监管任务之间的关联程度以及机构合并的风险系数均是选择是否推行大部制改革整合现有监管机构所应该考虑的重要因素。

如果通过实证研究可以获得相应决定因素的具体数值，则可以对食品安全监管究竟应该采取何种机构设置和权力配置方式提出更为坚实的实证支持与具体化意见，限于无法获取相关数据，进行此方面研究仍面临较大的困难，尽管如此，以上的分析仍然能够为食品安全监管改革提供一些方向性的建议。

前文的分析发现，当委托人有多项任务委派给多个代理人时，非专业化完全委托是一种最优的模式。即使考虑到代理人监管机构其部门间协调和摩擦带来的额外成本，非专业化完全委托的优势仍然可以得到确认（皮建才，2011），但综合考虑包括部门间协调和摩擦成本、监管任务的关联度和可替代性、风险合并系数等多种因素后，专业化完全委托在少数情况下具有一定优势。因此，我国的食品安全监管理想化的改革路径应为在大部制的改革背景下，进一步整合现有的监管机构，2018年国家市场监督管理总局的成立也是该领域监管体制改革实践所迈出的重要一步。

第二节　监管机构作为委托人的视角

在 Laffont 和 Tirole（1993）有关利益集团范式下的激励性规制理论的经典著

作中，传统的规制经济学理论中监管机构被划分为代表公共利益的国会与代表部门利益的监管者两部分，从而形成了国会—监管者—被监管企业三个科层的多重委托—代理链条。本章的分析也是基于这样一个基本假设，上一节的分析主要围绕该委托—代理链条的前一个层次，即代表社会公共利益的立法机构或最高行政机构委托监管机构行使监管任务这一环节展开分析。本节中笔者将进入多重委托—代理链条的下一层次，监管机构作为委托人，被监管企业作为代理人来展开分析，讨论监管机构作为委托人情况下，存在多个委托人对监管效果的影响，即共同代理问题（common agency）。有关监管机构作为委托人，且存在多个委托人的多委托人代理理论即共同代理理论在国外研究中也取得了一定成果。相关的研究包括 Martimort（1996）、Laffont 和 Martimort（1998，1999）、Laffont 和 Meleu（2001）以及 Laffont 和 Pouyet（2004）等。多委托人框架下政府监管问题的研究主要围绕分权与改进监管效率以及不同的监管者之间的沟通与协调等问题。Laffont 和 Zantman（2002）证明了在分权的监管结构下通过规定监管者的行动顺序有助于防止规制俘获现象的发生。Calzolari 和 Pavon（2006）通过一个动态共同代理模型证明委托人之间的信息共享可以提高委托人的总体效用。

上一节中将监管机构作为代理人的模型，仅考虑代理人从委托人处获得支付佣金作为其唯一收入来源，在监管机构作为委托人的模型下，需要同时考虑监管机构寻租，从被监管企业处获得信息租金以及规制俘获的可能性。模型中同时引入了代表消费者利益的委托人（一般是立法机构或者最高行政机构），因而实际上包括了最高委托人、监管机构、被监管企业在内的整个委托代理链条。

食品安全监管当中存在的委托—代理关系一共包括以下两个层次：

首先，代表消费者利益的立法机构（在我国是全国人民代表大会）和国家最高行政机构（在我国是国务院）作为最高委托人，监管机构作为代理人，构成第一层次委托—代理关系。由于对食品安全问题进行监管的本源是保护消费者权益，确保消费者生命健康不受侵犯，因此这一层次的委托—代理关系位于最上层，消费者利益诉求通过立法机构和国务院委托给政府监管机构，也是食品安全监管产生的根源。但根据前文的假设，监管机构作为"经济人"，并非如同立法机构一般是全能仁慈的第三方，其目标函数与社会福利最大化并非完全一致，有着其本身的利益诉求，政府作为代理人也将面临着信息租金与配置效率之间的权衡取舍，激励水平不足将导致监管机构的行为偏离委托人的最初意志，造成监管效果不足。

其次，监管机构作为委托人，食品生产加工企业作为代理人，构成了第二层委托—代理关系。这一层委托—代理关系体现了食品安全监管行为本身的过程，监管机构在生产、加工、流通和消费等多环节根据法律规范对企业进行监管，这一环节中也存在着企业的道德风险。由于企业对于食品的生产加工过程和质量拥有信息优势，有利用信息优势获取信息租金和降低成本的动力，因此监管的关键在于设置有效的约束机制减少信息不对称带来的道德风险。

一、模型的基本假设

在监管中普遍存在信息不对称的现象，对于监管者而言其任务在于通过一定的激励令被监管企业充分显示信息，而运用信息改进社会福利是其"能力"的主要体现（Laffont、Martimort，1999）。

本节以 Laffont 和 Martimort（1999）的研究为基础，假设存在一个委托人—监管者（可作为被监管企业的委托人）—被监管企业三层级的委托—代理结构。最高层级的委托人可以被假设为代表消费者利益和社会福利的立法机构和最高行政机构。而监管者依然被假设为追求部门利益的"经济人"。被监管企业拥有自身的私人信息，其私人信息集中体现于企业的效率参数 θ，其成本函数假设为 $C(\theta, q) = \theta q$，其中 q 为企业的产量水平。假设企业的效率参数 θ 具有以下形式：$\theta = \overline{\theta} - \theta_1 - \theta_2$，且参数 θ 的特征为共同知识。其中，θ_1，θ_2 均为取值为 $\{0, \Delta\theta\}$ 的二元随机变量，可以认为是企业的技术改进。对食品生产加工企业而言，可以认为参数 θ 代表企业提高产品质量和安全水平的能力。接下来对 θ 做进一步假设，$\underline{\theta} = \overline{\theta} - 2\Delta\theta$ 且 $\hat{\theta} = \overline{\theta} - \Delta\theta$，随机变量 $\theta_i (i \in \{1, 2\})$ 取值为 $\{0, \Delta\theta\}$ 的概率分别为 $(1-x, x)$，因而取值 $\{\underline{\theta}, \hat{\theta}, \overline{\theta}\}$ 的离散概率分布分别为：

$$P(\underline{\theta}) = x^2 \qquad\qquad (6-15)$$

$$P(\hat{\theta}) = 2x(1-x) \qquad\qquad (6-16)$$

$$P(\overline{\theta}) = (1-x)^2 \qquad\qquad (6-17)$$

假设委托人和监管者均无法观测到企业的成本，企业通过销售产品获得的收入为 t（这部分收入可以看作是从委托人处获得的货币转移支付，因为按照多重委托代理的假设，委托人被假设代表消费者的利益），则被监管企业的净收益即效用水平为：

$$U = t - \theta q，其参与约束为 U \geq 0 \qquad\qquad (6-18)$$

委托人可以借助一个或者多个（这里为了简化分析，假设是两个）监管者对企业进行监管，获得其私人信息信号 θ。对于监管者而言，从委托人处获得的支付佣金为 s_i，则监管者的效用水平为 $V_i = s_i$，其参与约束为 $s_i \geq 0$，对于 $i \in \{1, 2\}$ 均成立。

一个极端的情况是，如果监管者本身是仁慈的，即 $s = 0$ 且委托人和监管者均有完全信息，则监管权力配置机构是完全无差异的，仅存在一个监管者即足够。然而这一情况并不符合现实，接下来笔者将通过进一步的分析扩展，探讨多个监管者是否是一种相对有利的监管权力配置方式。

二、监管机构与最高委托人同时追求社会福利最大化的情况

为了进行对比分析，首先考虑监管机构也是以社会福利最大化为目标的情况。假设 $S(q)$ 是消费者从消费产量 q 中获得的效用（$S' > 0$，$S'' < 0$），λ 为公共资金的成本，严格为正。则在参与约束下，委托人所面临的社会福利最大化问题可以表示为：

$$SW = S(q) - (1+\lambda)(t+s) + U + V = S(q) - (1+\lambda)\theta q - \lambda U - \lambda V \quad (6-19)$$

对于监管者而言，拥有两种技术 T_i，$i \in \{1, 2\}$ 来获取被监管企业的有关信息 θ_i，并假设若 $\theta_i = \Delta\theta$ 时监管者将以 $\varepsilon \in [0, 1]$ 的概率观测到，而 θ_i 取 0 时则无法观测。进一步用 σ_i 来表示监管者通过技术 T_i 所观测到的关于被监管企业的信号，则有：

$\sigma_i = \Delta\theta$ 的概率为 $x\varepsilon$

$\sigma_i = \varnothing$ 的概率为 $1 - x\varepsilon$

（1）假如没有任何信号被观测到（$\sigma_1 = \sigma_2 = \varnothing$），其概率为 $(1-x\varepsilon)^2$，根据前文假设，则相应地被监管企业的效率信号组合 $\{\underline{\theta}, \hat{\theta}, \overline{\theta}\}$ 发生的条件概率分别为：

$$P_0(\underline{\theta}) = \frac{x^2(1-\varepsilon)^2}{(1-x\varepsilon)^2} \quad (6-20)$$

$$P_0(\hat{\theta}) = \frac{2x(1-x)(1-\varepsilon)}{(1-x\varepsilon)^2} \quad (6-21)$$

$$P_0(\overline{\theta}) = \frac{(1-x)^2}{(1-x\varepsilon)^2} \quad (6-22)$$

我们称这种情况为完全信息不对称，并用 $W_0(\hat{q}_0, \overline{q}_0)$ 来表示当监管者是"仁慈的"时，完全信息不对称情况下的期望社会福利。对应分别具有 $\underline{\theta}, \hat{\theta}, \overline{\theta}$ 特征的企业，用 $\underline{U}_0$、$\hat{U}_0$ 和 $\overline{U}_0$ 分别表示相应的企业效用水平。则完全信息不对称情况下的社会福利可以写为：

$$W_0(\hat{q}_0, \overline{q}_0) = P_0(\underline{\theta})(S(\underline{q}_0) - (1+\lambda)\underline{\theta}\,\underline{q}_0 - \lambda\,\underline{U}_0) + P_0(\hat{\theta})(S(\hat{q}_0) - (1+\lambda)$$
$$\hat{\theta}\hat{q}_0 - \lambda\,\hat{U}_0) + P_0(\overline{\theta})(S(\overline{q}_0) - (1+\lambda)\overline{\theta}\overline{q}_0 - \lambda\,\overline{U}_0) \quad (6-23)$$

（2）若仅有一个信号被观测到（$\sigma_1 = \Delta\theta$，$\sigma_2 = \varnothing$）或者（$\sigma_1 = \varnothing$，$\sigma_2 = \Delta\theta$），则称之为非完全信息不对称或较弱的信息不对称，此时不存在 $\overline{\theta}$，$\theta \in \{\underline{\theta}, \hat{\theta}\}$，相应的条件概率分别为：

$$P_1(\underline{\theta}) = \frac{x(1-\varepsilon)}{1-x\varepsilon} \qquad (6-24)$$

$$P_1(\hat{\theta}) = \frac{1-x}{1-x\varepsilon} \qquad (6-25)$$

相应地，用 $W_1(\hat{q}_1)$ 来表示监管者是"仁慈的"且非信息完全不对称情况下的期望社会福利，对于 $\underline{\theta}$ 和 $\hat{\theta}$ 类型的企业分别用 $\underline{U}_1$ 和 $\hat{U}_1$ 来表示被监管企业的效用，则有：

$$W_1(\hat{q}_1) = P_1(\underline{\theta})(S(\underline{q}_1) - (1+\lambda)\underline{\theta}\,\underline{q}_1 - \lambda\,\underline{U}_1) + P_1(\hat{\theta})(S(\hat{q}_1) -$$
$$(1+\lambda)\hat{\theta}\,\hat{q}_1 - \lambda\,\hat{U}_1) \qquad (6-26)$$

（3）当两种信号都能被观测到时称为完全信息，有 $x^2\varepsilon^2$ 的概率观测到类型为 $\underline{\theta}$ 的企业，其效用为 $\underline{U}_2$，相应产量为 $\underline{q}_2$，此时期望社会福利为：

$$W_2 = S(\underline{q}_2) - (1+\lambda)\underline{\theta}\,\underline{q}_2 - \lambda\,\underline{U}_2 \qquad (6-27)$$

以上均是在假设监管机构为"仁慈的"且追求社会福利最大化的条件下划分不同信息情况进行的分析，总体期望社会福利为：

$$SW = (1-x\varepsilon)^2 W_0(\hat{q}_0, \overline{q}_0) + 2x\varepsilon(1-x\varepsilon)W_1(\hat{q}_1) + x^2\varepsilon^2 W_2 \qquad (6-28)$$

根据以上的假设可以发现对于监管机构而言，一个监管契约组合包括 $t(\cdot)$、$q(\cdot)$ 和 $s(\cdot)$ 三部分，分别表示被监管企业获得的支付、被监管企业的产量以及监管机构获得的支付佣金，三者均由企业自身现实的特征类型 $\tilde{\theta}$ 以及监管机构观测到的信号 $(\tilde{\sigma}_1, \tilde{\sigma}_2)\sigma$ 决定。

可以将整个博弈的过程表述如下：

第一步，最高委托人确定监管机构的组织结构，即存在一个监管机构还是两个监管机构。

第二步，企业发现自身的类型 θ_i，同时监管机构获得有关企业类型特征的信号 σ。

第三步，最高委托人提供一组契约，包括 $t(\cdot)$ 和 $s(\cdot)$ 分别给企业和监管机构，企业和监管机构选择是否接受这一组契约。

第四步，假设监管机构是非仁慈的，追求部门利益，则有可能在获得信息信号之后和被监管企业达成新的合约，以隐藏所获得信息为代价进行寻租。

第五步，监管机构将所获得信号上报最高委托人，监管机构获得相应的支付佣金，被监管企业获得收入。

针对以上三种信息情况，进一步分别求解社会福利最大化问题。

在信息不对称情况下，在一定的参与约束和激励相容约束下对式（6-28）求解最大化问题。仅需考虑向上的激励相容约束和最低效率企业的参与约束，在监管机构没有发现任何信息信号的完全信息不对称情况下，类型为 $\underline{\theta}$ 和 $\hat{\theta}$ 的代理人被监管企业的激励相容约束分别为：

$$\underline{U}_0 \geq \hat{U}_o + \Delta\theta \hat{q}_0 \qquad\qquad (6-29)$$

$$\hat{U}_0 \geq \overline{U}_o + \Delta\theta \overline{q}_0 \qquad\qquad (6-30)$$

在监管机构发现单一信号的不完全信息不对称情况下，类型为 $\underline{\theta}$ 的企业的激励相容约束为：

$$\overline{U}_1 \geq \hat{U}_1 + \Delta\theta \hat{q}_1 \qquad\qquad (6-31)$$

相应的参与约束为：

$$\overline{U}_o \geq 0 \qquad\qquad (6-32)$$

$$\hat{U}_1 \geq 0 \qquad\qquad (6-33)$$

在以上约束下求解式（6-28）的最大化问题，有 $\underline{q}_0^* = \underline{q}_1^* = q_2$，且

$$S'(\hat{q}_0^*) = (1+\lambda)\hat{\theta} + \lambda \frac{P_0(\underline{\theta})}{P_0(\hat{\theta})}\Delta\theta \qquad\qquad (6-34)$$

$$S'(\overline{q}_0^*) = (1+\lambda)\overline{\theta} + \lambda \frac{P_0(\underline{\theta}) + P_0(\hat{\theta})}{P_0(\overline{\theta})}\Delta\theta \qquad\qquad (6-35)$$

$$S'(\hat{q}_1^*) = (1+\lambda)\hat{\theta} + \lambda \frac{P_1(\underline{\theta})}{P_1(\hat{\theta})}\Delta\theta \qquad\qquad (6-36)$$

进而有 $\hat{U}_0 = \Delta\theta \overline{q}_0^*$，$\underline{U}_0 = \Delta\theta(\hat{q}_0^* + \overline{q}_0^*)$ 和 $\underline{U}_1 = \Delta\theta \hat{q}_0^*$。

根据前文的假设，有：

$$\hat{U}_0 < \underline{U}_0 - \underline{U}_1 \qquad\qquad (6-37)$$

由于 $\hat{q}_0^* > \hat{q}_1^*$ 且

$$\hat{U}_0 < \underline{U}_1 \qquad\qquad (6-38)$$

又由于 $\hat{q}_1^* > \overline{q}_0^*$，

则有 $\underline{U}_0 > 2\hat{U}_0$ $\qquad\qquad (6-39)$

当式（6-37）、式（6-38）成立时，最高效率的企业 $\overline{\theta}$ 相对于中等效率的企业 $\hat{\theta}$ 损失更多信息租金。

三、监管机构追求部门利益的情况

（一）单一监管机构情况下的分析

现在假设监管机构并不和委托人一样以追求社会福利最大化为目标，除非委托人对其实施有效激励，否则监管机构存在寻租以及与被监管企业合谋的动机，这在被监管企业为大规模且具有一定垄断地位的企业时是更为合理的假设。当监

管机构获得有关企业类型的信息后，监管机构将以不向委托人报告该信息为代价向被监管企业索取相应的租金。但是这种合谋并非没有任何摩擦成本，由于交易成本的存在，监管机构仅能获得相当于被监管企业信息租金比例为 k 的部分，并假设这种交易成本无论存在单一监管机构还是多个监管机构都是不变的。这样假设的意义在于，保证最高委托人在考虑成本的前提下不会跳过监管机构直接设法获取有关被监管企业的信息。这样影响监管效率的因素将取决于监管机构与被监管企业的关系，监管者的职位和权力是终身制还是频繁更换监管者，抑或是监管者与企业共享信息。

最高委托人可以视监管机构报告的信息 θ_i 而定，通过给予监管机构一定的支付佣金 $s(\sigma_1, \sigma_2)$ 来防止合谋现象的发生，从而使监管机构避免寻租而选择诚实的监管行为。对应监管机构向最高委托人汇报有两个、一个或没有汇报任何信息的三种情况，将监管机构所获得的支付佣金设定为 s_2、s_1 和 s_0，根据前文的假设可知如果支付佣金能够确保监管机构不发生与被监管企业的合谋则应满足以下条件：

$$s_2 - s_1 \geq k \underline{U}_1 \tag{6-40}$$

$$s_2 - s_0 \geq k U_0 \tag{6-41}$$

$$s_1 - s_0 \geq k \min(\underline{U}_0 - \underline{U}_1, \hat{U}_0) \tag{6-42}$$

式（6-40）说明在完全信息情况下，监管机构获取全部信息信号，则其更偏好于汇报全部信息而非隐藏其中之一获取高效率被监管企业的一部分信息租金；式（6-41）说明，监管机构更偏好于汇报所有信息而非全部隐瞒来获取高效率被监管企业的部分信息租金。以上两式均说明，当监管机构能够获取来自被监管企业全部信息信号时，监管机构更倾向于向最高委托人汇报全部信息，而非通过与被监管企业合谋来牟取信息租金。而当监管机构仅能获得单一信息信号时，可以通过支付给其相当于在合谋中获取的全部收益的佣金来避免合谋现象的发生。由于监管机构并不知晓其未能观测到的信息是否为被监管高效率企业 $\underline{\theta}$ 带来了额外的信息租金，或者是否并未为中等效率被监管企业 $\hat{\theta}$ 带来任何信息租金，因此监管机构会要求被监管企业支付 $\underline{U}_0 - \underline{U}_1$ 或者 $\hat{U}_0$，则约束式（6-42）得到满足。此外，如果显示信号没有提供任何信息，（$\sigma_1 = \sigma_2 = \varnothing$），则委托人没有必要为了避免合谋而向监管机构提供补偿支付，因此有 $s_0 = 0$。

为了避免合谋向监管机构提供补偿支付佣金所造成的期望社会成本可以表示为：

$$C' = \lambda(x^2 \varepsilon^2 s_2 + 2x\varepsilon(1 - x\varepsilon)s_1) \tag{6-43}$$

此时，委托人的社会福利最大化目标函数变为：

$(1 - x\varepsilon)^2 W_0(\hat{q}_0, \bar{q}_0) + 2x\varepsilon(1 - x\varepsilon)W_1(\hat{q}_1) + x^2\varepsilon^2 W_2 - \lambda(x^2\varepsilon^2 s_2 + 2x\varepsilon(1 -$

$x\varepsilon)s_1)$
$\qquad\qquad\qquad\qquad\qquad\qquad\qquad\qquad\qquad\qquad\qquad\qquad (6-44)$

委托人所面临的约束为式（6-29）、式（6-30）、式（6-31）以及式（6-40）、式（6-41）、式（6-42）（当式（6-37）、式（6-38）成立时，式（6-42）可以写为 $s_1 \geqslant k\hat{U}_0$）。进而将委托人目标函数转化为：

$(1 - x\varepsilon)^2 W_0(\hat{q}_0, \bar{q}_0) + 2x\varepsilon(1 - x\varepsilon)W_1(\hat{q}_1) + x^2\varepsilon^2 W_2 - \lambda k(x^2\varepsilon^2 \underline{U}_0 + 2x\varepsilon(1 -$

$x\varepsilon)\hat{U}_0)$
$\qquad\qquad\qquad\qquad\qquad\qquad\qquad\qquad\qquad\qquad\qquad\qquad (6-45)$

通过求解该最优化问题，可以得到存在单一的"非仁慈的"监管机构的情况下，有以下命题：

第一，在完全信息不对称情况下，相对于监管机构为"仁慈的"情况，被监管企业的均衡产出下降：

$$\hat{q}_0^* > \hat{q}_0', \qquad 且\ \bar{q}_0^* > \bar{q}_0' \qquad\qquad\qquad\qquad (6-46)$$

且有：

$$S'(\hat{q}_0') = (1 + \lambda)\hat{\theta} + \lambda\left(\frac{P_0(\underline{\theta})}{P_0(\hat{\theta})} + \frac{kx^2\varepsilon^2}{(1 - x\varepsilon)^2 P_0(\hat{\theta})}\right)\Delta\theta \qquad (6-47)$$

$$S'(\bar{q}_0') = (1 + \lambda)\bar{\theta} + \lambda\left(\frac{P_0(\underline{\theta}) + P_0(\hat{\theta})}{P_0(\bar{\theta})} + \frac{kx\varepsilon(2 - x\varepsilon)}{(1 - x\varepsilon)^2 P_0(\bar{\theta})}\right)\Delta\theta \qquad (6-48)$$

第二，在弱信息不对称情况下（即监管者可以获得单一信息信号），被监管企业均衡产量与监管者是"仁慈的"情况相等，即：

$$\underline{q}_1' = \underline{q}_1^*, \qquad 且\ \hat{q}_1' = \hat{q}_1^* \qquad\qquad\qquad\qquad (6-49)$$

为了避免合谋，委托人可以通过给予监管机构一定的补偿支付作为激励来促使其汇报所有得到的信息，也可以降低在完全信息和弱信息不对称情况下合谋的所带来的利益，即降低信息租金 $\hat{U}_0$ 和 $\underline{U}_0$。由于式（6-29）和式（6-30）在最优情况下以等式成立，产量 $\hat{q}_0$ 减少将有助于避免完全信息情况下的合谋现象，而 $\bar{q}_0$ 减少则有助于减少所有情况下的合谋。合谋利益的下降导致了监管机构利用其自由裁量权抽取信息租金，因而降低监管机构自由裁量权是防止合谋的重要手段。

（二）监管机构横向分权

现在转向本节分析的重点，即存在不止一个监管机构的情况。同一行政层级存在多个监管机构的情况我们称之为监管横向分权，横向分权将会导致信息结构的改变进而影响合谋的可能。类似前面一节中的专门化完全委托，每一个监管机构将仅拥有一种获取信息的技术，因此只能监控一种信息信号，并且假设这种获取信息的技术不能在监管机构之间传递。这种假设需要存在一个以追求社会福利最大化为目标的"仁慈的"评判者，来确保每一个监管机构所获得的信息技术恰好是该部门所需的。

假设存在两个监管机构 R_1 和 R_2，在被监管企业为高效率的 θ 情况下，两个监管机构均可能获得信息信号，但并不确定另一方所获得的信息，也就是说对于其中一个监管机构 R_1，将无法区分（$\sigma_1 = \Delta\theta$，$\sigma_2 = \varnothing$）与（$\sigma_1 = \Delta\theta$，$\sigma_2 = \Delta\theta$）这两种情形。

在存在监管横向分权的情况下，避免合谋的约束将取决于两个监管机构与被监管企业在信息不对称条件下的博弈。为了进一步简化分析，假设其中一个监管机构观测到信号以后会立即向被监管企业提出一个接受或者拒绝的激励合约，并排除了监管机构之间互相订立契约的可能性（主要是由于部门之间的转移支付相比监管机构与企业的合谋行为更容易被委托人所察觉），将寻求包括两个监管机构在内的博弈的一个贝叶斯纳什均衡。在这个博弈均衡当中，监管机构 R_1 在寻租中将希望另一个监管机构 R_2 能够将其所观测到的信息信号如实向委托人报告。也就是说当 R_1 观测到一个信号时，可能发生以下情况：其一是 R_2 也观测到信号，且被监管企业类型为 θ 的概率为 $x\varepsilon$，则监管机构 R_1 可以向被监管企业抽取 $\underline{U}_1$ 的租金；其二是 R_2 并未观测到信号，且被监管企业的类型为 θ，此概率为 $x(1-\varepsilon)$，此时 R_1 可以抽取的租金为 $\underline{U}_0 - \underline{U}_1$；此外还有 $1-x$ 的概率 R_2 未观测到信号且企业类型为 $\hat{\theta}$，则 R_1 可以抽取的租金为 $\hat{U}_0$。

由于假设每一个监管机构并不知晓另外监管机构观测信号和向委托人汇报的情况，因而在博弈中监管机构的行为是完全独立于另一监管机构的，无论监管机构 R_2 获得的信息情况如何，R_1 抽取信息租金的策略并不会做出相应的改变，R_1 所获得的来自委托人的支付佣金（s_1（$\Delta\theta$，$\Delta\theta$）或 s_1（$\Delta\theta$，$\varnothing$））也是相等的。因此用 s_1 表示监管机构 R_1 观测到信号并向委托人报告所获得的支付佣金，R_1 面对的避免合谋的约束为：

$$s_1 \geq k\min(\hat{U}_0, \ \underline{U}_0 - \underline{U}_1, \ \underline{U}_1) \tag{6-50}$$

假设式（6-37）、式（6-38）仍然成立，则当每一个监管机构获得信号 $\sigma_i = \Delta\theta$ 时，可以通过提供等于 $k\hat{U}_0$ 的支付佣金来避免合谋的发生，因而在横向分权情况下为了阻止监管机构与被监管企业合谋发生的期望成本为：

$$C^s = 2x\varepsilon\lambda k\hat{U}_0 \tag{6-51}$$

存在监管横向分权情况下委托人所面临的目标函数可以写为：

$$(1-x\varepsilon)^2 W_0(\hat{q}_0, \ \bar{q}_0) + 2x\varepsilon(1-x\varepsilon)W_1(\hat{q}_1) + x^2\varepsilon^2 W_2 - 2x\varepsilon\lambda k\hat{U}_0 \tag{6-52}$$

解此最优化问题可以得到以下命题：

第一，在信息完全不对称情况下，最优监管将会降低 $\hat{\theta}$ 状态下，信息不对称造成的扭曲，增加 $\underline{\theta}$ 状态下的扭曲程度，即：

$$\hat{q}_0^s = \hat{q}_0^* > \hat{q}'_0, \qquad \text{且} \ \overline{q}_0^s < \overline{q}'_0 < \hat{q}_0^* \tag{6-53}$$

令 $\underline{q}_0^s = \underline{q}_2 = \hat{q}_0^s = \overline{q}_0^s$ 则有：

$$S'(\hat{q}_0^s) = (1+\lambda)\hat{\theta} + \lambda \frac{P_0(\underline{\theta})}{P_0(\hat{\theta})} \Delta\theta \tag{6-54}$$

$$S'(\overline{q}_0^s) = (1+\lambda)\overline{\theta} + \lambda \left(\frac{P_0(\underline{\theta}) + P_0(\hat{\theta})}{P_0(\overline{\theta})} + \frac{2kx\varepsilon}{(1-x\varepsilon)^2 P_0(\overline{\theta})} \right) \Delta\theta \tag{6-55}$$

第二，在弱信息不对称情况下，有：

$$\hat{q}_1^s = \hat{q}'_1 = \hat{q}_1^*, \quad \text{且} \ \overline{q}_1^s = \overline{q}'_1 = \overline{q}_1^* \tag{6-56}$$

对于效率中等的企业 $\hat{\theta}$ 并没有进一步扭曲偏离次优状态，$\overline{\theta}$ 类型企业的扭曲进一步增加。与单一监管机构相比，横向分权导致低效率企业 $\overline{\theta}$ 下降，中等效率企业 $\hat{\theta}$ 产量则上升了。

（三）单一监管机构与多监管机构的比较静态分析

由前文的分析可知，监管横向分权可以减少中等效率 $\hat{\theta}$ 状态下的信息不对称带来的租金。实际上，高效率的被监管企业 $\underline{\theta}$ 是在横向分权中唯一确定获益的一方，相比存在单一监管机构的情况，高效率被监管企业获得在博弈中更强的讨价还价能力。当概率 x 足够小的情况下，高效率企业在横向分权情况下获得了更多的信息租金。而且，由于监管横向分权削弱了完全信息情况下（$\sigma_1 = \Delta\theta$，$\sigma_2 = \Delta\overline{\theta}$）的限制合谋约束，但并未影响其他情况下防止合谋的成本，监管横向分权确实提高了期望社会福利。

因而当消费者效用函数 $S(\cdot)$ 为二次式，且 $S(q) = -[|S''|q^2]/2 + \mu q$，只要 $\Delta\theta$ 足够小，无论 $\Delta\theta$ 取何值，以下比较静态分析结果均成立：

第一，在完全信息不对称情况下，当且仅当 $x(3-2\varepsilon) \leqslant 1$ 时，监管横向分权 $\underline{\theta}$ 状态下的信息租金大于单一监管机构时的租金，监管横向分权的 $\hat{\theta}$ 状态下租金始终较低。

第二，监管横向分权所导致的净社会福利为正。净社会福利的增加主要是由于监管机构的横向分权提高了合谋的交易成本。

为了解释期望社会福利的变化幅度，可以考虑在给定企业产量和信息租金的情况下，委托人的目标为在一系列避免合谋的约束下通过提供给监管机构一定的补偿支付佣金来实现社会福利损失的最小化。当 $\Delta\theta$ 足够小时，通过放松约束，监管横向分权可以实现一定程度的社会福利改进。接下来面对的最优化问题则是在一定的参与约束和激励相容约束下，尽可能避免产量的扭曲和信息租金的抽取。

为使之前的假设更合理，可以进一步考虑由监管机构所导致的外生成本问题，即通常监管机构必须以确保获得正的支付佣金作为其接受任务的前提，因此有必要引入一个正的保留支付佣金和建立相应机构所需的外生成本。将上面命题所讨论的收益与委托监管机构的行政成本进行权衡，我们将发现只有所谓较大的信息不对称问题才足以使委托人负担委托一个"非仁慈"的监管机构的成本，因而有以下命题：

假设消费者效用函数为产量的二次式 $S(q) = -[|S''|q^2]/2 + \mu q$，$\mu$ 足够大，且监管机构需要一个严格为正的保留支付 s^r，则一定存在一个 $\Delta\theta_0$，当且仅当 $\Delta\theta > \Delta\theta_0$ 时，监管横向分权相对于单一监管机构是占优的。

有关监管机构作为委托人的情况，本节通过引入一个包括"雇佣"监管机构的最高委托人在内的三个层级的委托—代理模型，分析存在多个监管机构的监管横向分权在何种情况下优于单一监管机构。监管横向分权的优势在于可以有效地避免监管机构与被监管企业的合谋，并保证不同效率水平的企业实现产量上涨。但一般而言，合谋和规制俘获仅发生在被监管企业具有较大的规模和一定的垄断市场地位时。本节分析的现实意义在于，考虑到某些种类的食品市场中被监管企业具有较强的垄断地位，从而具有影响监管机构决策的能力，给予食品安全监管机构过大的自由裁量权将可能催生规制俘获现象，因此适当保持监管机构间的制衡是避免规制俘获的有效手段。

结合前一节中关于食品安全监管大部制改革机构整合的分析，可以进一步得出这样的结论：相对于存在多个委托人的共同代理情况，委托人之间的合作是一种更为有效的激励方式，在不需要将规制俘获作为重要的需考虑因素的情况下，将监管权力和监管机构尽可能进行整合，是改善监管效果的一种有效途径。

食品安全监管体制改革采取部门整合的大部制改革方式，不仅是出于精简机构、提高行政效率的考量，同时也是提高代理人监管机构努力程度的一种有效政策选择。在现实中，通过推行大部制改革进一步整合食品安全监管权力，是我国今后食品安全监管改革的一个主要方向。但也应该考虑到体制改革中机构整合的重置成本与合并风险等因素，同时为了有效制约潜在的规制俘获，应当在推进食品安全监管大部制改革的同时，进行适度的分权，对监管机构保持充分的监督和约束。

本章试图通过对食品安全监管体制的分析与设计实现改善监管效果的目的。食品安全监管当中的利益相关者除政府监管机构外，还包括被监管企业与消费者，不同主体之间的博弈同样会影响到监管目标的实现情况。在下一章中，笔者将通过分析食品安全监管利益相关主体的博弈行为与策略选择，进一步探讨在强调政府监管主导作用的前提下，加强企业自我规制和消费者监督对于提升监管效果的重要作用。

第七章　食品安全监管主体行为与策略分析

在前一章中，本书讨论了我国食品安全监管体制重构与改革方向。基于监管体制改革探讨改善食品安全监管效果的路径是本书的主要研究思路，但是随着消费者对食品安全的认知程度和要求的不断提升，单纯依赖政府监管已经难以实现全面保障食品安全的目的。解决食品安全问题不仅需要加强监管、改革监管体制，更需要包括企业自身、消费者、社会组织在内的多方力量合作。本章首先运用博弈论工具分析食品安全监管所涉及主要主体的决策行为以及相互作用结果，并由此进行策略选择分析。在此基础上，将在后文提出包括多元主体的合作治理框架。

第一节　食品生产加工企业与消费者之间的博弈

食品本身的经验品和信任品特征，是信息不对称的主要来源。食品的安全属性，如农药残留、添加剂等都需要专业的知识和检测设备才能判定。消费者在购买后仍无法对食品的质量和安全属性进行准确的判断，即使食用后产生了健康问题，也无法将问题的产生归因于消费了该食品。因此，相对于企业而言，消费者在信息上处于明显的不利地位。信息不对称使消费者难以对食品安全问题进行有效的防范，而企业则可能利用信息优势实施机会主义行为，欺骗消费者，危害消费者利益。

由于食品本身的信任品特征，消费者即使在消费后也无法获知有关食品的全部质量安全信息，这也就意味着消费者的效用函数无法确定，因此本节中尝试将随机因子引入消费者的效用函数。消费者对于食品的质量安全信息主要来源于食品生产加工企业所发布的认证信息以及食品标签、包装、广告等。企业往往采用信息标签等形式声明自己所生产加工食品的安全性，但这种声明往往并不能如实反映食品的真实情况。消费者一般会综合权衡企业的声明、食品价格以及自己的个人偏好来进行购买决策。因此，本节将从食品安全信息不对称出发，用信号博弈模型模拟食品生产加工企业与消费者之间的关系。

一、企业和消费者间博弈模型的基本假设

在该信号博弈模型中，假设食品生产加工企业为信号发送一方，消费者则为信号接收方，食品生产加工企业具有绝对的信息优势。企业可以分为两种类型：生产安全食品的企业与生产不安全食品的企业，分别记为 θ_1 和 θ_2。为了便于分析，假设消费者的购买决策行为仅受到食品质量和价格因素的影响，暂时不考虑消费者收入水平对于购买决策的影响。消费者的购买原则为：优先购买优质低价食品；优质优价、低质低价购买时获得的效用相等；不购买低质高价食品。因此消费者购买决策可以表示为：以高价购买高质量食品，以低价购买低质量食品，食品的价格分别记为 P_H、P_L。企业通过食品价格传递自身的类型信号。此时暗含的一个假设是，对企业而言高质量代表高成本，企业可能存在以次充好、为不安全食品制定高价的可能，但不会为安全产品制定低价。

该动态博弈按以下次序进行：

首先，食品生产加工企业的类型 $\theta_i(i=1，2)$ 为先验抽取决定的，从食品生产加工企业类型集合 $\theta=\{\theta_1，\theta_2\}$ 中分别以概率 $p(\theta_1)$、$p(\theta_2)$ 随机抽取，且满足 $p(\theta_1)+p(\theta_2)=1$。

其次，食品生产加工企业的类型 θ_i 决定后，将对自己的类型进行声明，向消费者发出关于自身所属类型的信号。此时，声明类型 θ_j 可以与真实类型 θ_i 相符，也可以与真实类型不符。

最后，消费者在获得企业声明的相关信息 θ_j 后，会从自身决策行为集合 $N=\{n_1，n_2\}$ 中选择行为 n_k，$k=1，2$ 分别表示消费者的决策，即购买与不购买食品。

假设食品生产加工企业的平均生产成本为 $C(\theta_i)$，由食品生产加工企业所制定的食品价格为 $P(\theta_i)$。政府监管机构会对违法违规企业给予一定的惩罚，因此当食品生产加工企业发布有关自身类型的虚假信息时需要承担一定的风险。用 C 表示风险成本，该风险成本同时取决于企业受到监管机构处罚的概率和单位食品的罚金数量。若企业声明类型为自己真实类型或生产安全食品企业声明自己为生产不安全食品企业时（这种"以好充次"的企业现实中应极少存在），不存在惩罚；只有不安全食品生产加工企业声明自己是安全食品生产加工企业这一种情况才会受到惩罚。

仍然假设企业是风险中性的，食品生产加工企业的收益和消费者效用同时取决于企业的类型与消费者的决策行为，企业收益可表示为 $U_f = \{\theta_i,\ n_k\}$，消费者效用表示为 $U_c = \{\theta_i,\ n_k\}$。则企业的单位销售收益可以表达为：

$$U_f = P(\theta_i) - C(\theta_i) - C \qquad\qquad (7-1)$$

二、企业与消费者间信号博弈模型的完美贝叶斯均衡

基于前文的假设，下文中将进一步分别讨论该信号博弈中分离均衡、准分离均衡以及混同均衡的实现条件。

（一）企业与消费者间信号博弈的分离完美贝叶斯均衡

在该信号博弈中，若不同类型的企业做出不同声明，企业的声明反映其真实类型，即生产安全食品的企业声明自己的类型为 θ_1，生产不安全食品的企业声明自己的类型为 θ_2，此时该博弈达到分离的完美贝叶斯均衡。基于模型关于企业收益和风险成本的假设，让不同类型的企业声明自己的真实类型从而实现分离均衡需要满足的条件为：

对于生产安全食品的 θ_1 型企业，需满足不等式 $P_H - C(\theta_1) > P_L - C(\theta_1)$，对于生产不安全食品的 θ_2 型企业，需满足不等式 $P_H - C(\theta_2) - C < P_L - C(\theta_2)$，此时两种企业将都会声明自己的真实类型。

不等式 $P_H - C(\theta_1) > P_L - C(\theta_1)$ 成立的条件为：

$$P_H > P_L \qquad\qquad (7-2)$$

可知该式自然成立，也即类型 θ_1 的生产安全食品的企业自然会制定高价，通过价格传递自己的类型信号，而没有伪装成生产不安全食品企业的动机。

由不等式 $P_H - C(\theta_2) - C < P_L - C(\theta_2)$ 可推出：

$$P_H - P_L < C \qquad\qquad (7-3)$$

该式说明当政府监管机构对于假冒伪劣、以次充好食品的惩罚力度大于生产不安全食品企业以次充好时两种类型食品的价格差，该类型企业将不得不显示真实的信号类型。

完美贝叶斯均衡下，消费者判断企业的声明类型和真实类型一致的条件概率为1。在给定企业策略的情况下，消费者的策略如下：消费者接受以 P_H 的高价购买安全食品的概率为1，接受以 P_L 的低价购买不安全食品的概率同样为1。由此可以得出完美贝叶斯均衡的策略组合。

该分离完美贝叶斯均衡的实现要求政府监管机构对所有食品生产加工企业的所有环节进行深入检查，保证对任何以次充好、假冒伪劣的企业进行严格处罚，且惩罚力度大于企业铤而走险所获得的利润差额，则足以保证企业显示其真实类型。

（二）企业与消费者间信号博弈的混同完美贝叶斯均衡

相对于分离的完美贝叶斯均衡，若两种类型的企业均声明自己的类型为 θ_1 或 θ_2，无论该企业的真实类型为何，则最终实现的博弈均衡为混同完美贝叶斯均衡。

对企业而言，只要不等式 $P_H - C(\theta_1) > P_L - C(\theta_1)$ 和 $P_H - C(\theta_2) - C > P_L - C(\theta_2)$ 均成立，即企业声明类型为 θ_1 时获得的收益将大于声明自身类型为 θ_2 时获得的收益，此时所有类型企业均会声明自己的类型为 θ_1。而根据前文的假设可知，θ_1 型企业并不存在着伪称为 θ_2 型企业的动机，因此这里不再考虑两企业均自称为违法企业的可能。

若混同均衡成立，则有：

$$\begin{cases} p(\theta_1/\theta_1) = p(\theta_1) \\ p(\theta_2/\theta_1) = p(\theta_2) \end{cases} \qquad (7-4)$$

$p(\theta_2/\theta_1)$ 表示当企业声明类型为 θ_1 时其真实类型为 θ_2 的条件概率，等于自然抽取企业为不安全食品生产加工企业的概率 $p(\theta_2)$。式（7-4）的含义在于当企业本身是 θ_1 型的守法企业，则一定会声明自身为 θ_1 型企业；当企业本身为 θ_2 型的违法企业，若实现混同均衡，则一定会谎称其为 θ_1 型企业。

在给定企业声明和消费者判断的情况下，消费者的策略为：当企业声明类型为 θ_1 时，消费者以 $p(\theta_1)$ 的概率接受以价格 P_H 购买食品，以 $p(\theta_2)$ 的概率选择不购买或待价格降至 P_L 时再购买；当企业声明类型为 θ_2 时，消费者以概率 1 接受价格 P_L 并购买食品。上述分析符合序贯理性原则，因此企业和消费者的策略实现了混同完美贝叶斯均衡。

相对于分离均衡的结果，混同均衡的出现是政府监管低效的表现。这种情况的产生往往由于政府监管机构对质量安全问题的处罚力度较轻，对违法企业的威慑不足，导致许多食品生产加工企业以次充好，而生产安全、高质量食品的企业将蒙受损失。

（三）企业与消费者间信号博弈的准分离完美贝叶斯均衡

当企业的真实类型为 θ_1 时，其声明类型同样为 θ_1；当企业的真实类型为 θ_2 时，该企业声明自己的类型是 θ_1 的概率为 λ，声明自己的类型是 θ_2 的概率为 $1-\lambda$，可表示为：

$$\begin{cases} p(\theta_1/\theta_1) = 1 \\ p(\theta_1/\theta_2) = \lambda \\ p(\theta_2/\theta_2) = 1-\lambda \end{cases} \qquad (7-5)$$

若使真实类型为 θ_2 的企业在 θ_1 和 θ_2 两种声明信号类型中以一定概率随机选择一种作为自己的声明类型，必须满足该企业在声明任意类型时获得的收益相

等，也即满足等式 $P_H - C(\theta_2) - C = P_L - C(\theta_2)$

　　即 $P_H - C = P_L$ 　　　　　　　　　　　　　　　　　　　　　　　(7-6)

　　相应地，给定企业的策略，消费者的序贯策略为：当企业声明自己为类型 θ_1 时，消费者选择接受价格 P_H 并购买食品的概率为 $\dfrac{p(\theta_1)}{(1-\lambda)p(\theta_1)+\lambda}$，选择不购买或降为 P_L 后购买食品的概率为 $\dfrac{p(\theta_2)}{(1-\lambda)p(\theta_2)+\lambda}$；当企业声明自己为类型 θ_2 时，消费者以概率 1 接受价格 P_H 并选择购买。消费者判断与企业的策略组合共同构成了准分离完美贝叶斯均衡。

　　目前我国食品市场更接近于这种准分离均衡状态。食品市场中存在大量企业，屡屡铤而走险、以次充好，安全食品、一般食品、假冒伪劣食品共同存在于食品市场中，单纯依赖政府加大监督和处罚力度的监管效果并不明显。

　　通过企业之间、企业和消费者之间的博弈分析可以发现，在普遍存在信息不对称的食品市场中政府进行监管干预，加大监督和处罚力度，作为食品安全监管的主要力量不可或缺。同时加强社会与消费者监督，作为监管的外部制度环境因素，确实有助于对企业行为形成更强的约束。此外，推动企业加强自律行为与自我规制也具有必要性。

第二节　食品生产加工企业和监管者的博弈

　　食品生产加工企业作为理性经济人，追求自身利益最大化。因此，在查处不严或处罚成本低于预期收益时，企业有降低成本生产低质量食品以谋取最大利益的动机。而食品监管者一方面代表政府职能部门维护食品消费者的利益，对违规的企业进行查处，另一方面又存在自身利益追求，有追求部门利益和自身利益最大化的动机。因此尽管信息不对称的存在使得政府机构对食品安全进行监管具有内在的必要性，监管者在工作中也可能出现不尽责的情况，甚至可能利用手中的职权进行寻租、谋取私利。因此，食品生产加工企业与监管者之间的博弈可以描述为：如果监管者是完全尽责的，不追求部门利益，或者部门利益与社会公共利益不冲突，则企业违规行为大部分能够被发现，而且对违法、违规企业进行的处罚也大于企业预期可以得到的收益，企业将会依照食品安全的相关条例规定进行生产，不会或很少进行违规；相反，如果监管者不尽责，追求部门利益偏离了社会公共利益，那么企业的违规行为就不易被发现，或者即使被发现，处罚力度也较轻，则企业就会选择违规生产，降低生产成本以获取更高利润。

一、食品生产加工企业和监管者博弈模型的假设前提

在进行企业与监管者的博弈分析之前先建立以下假设：

第一，博弈双方信息都是完全的，即企业与监管者完全了解对方的策略空间和效用函数。但双方都以争取自身利益最大化为目的，不存在相互合作，即该博弈属于完全信息非合作博弈。

第二，博弈参与主体企业与监管者均为理性经济人。企业的策略空间为（生产安全食品，生产不安全食品），食品生产加工企业以自身利益最大化为目标，根据自身预期效用最大化来决定采取何种策略；监管者的策略空间为（监管，不监管），监管者也将采取一定策略来实现自身利益最大化。一般认为，进行监管是监管者的职责，选择不监管的策略因而可以被看作是一种监管者失职或者与企业的合谋行为。企业与监管者均为风险中性。该项假设也延续了上一章中我们对于监管机构的假设。

第三，而对于监管者而言，即使进行监管，也无法保证一定可以成功查处企业违法行为。同时监管者的不作为可能会被检举，这种检举主要来自于消费者和行业协会等第三方社会组织的监督，监管者也会因失职受到一定的惩罚。当然如同企业的违法行为不一定会被监管者发现，监管者的不作为也有一定的概率不会被检举。

第四，当食品生产加工企业守法经营、生产安全食品时，无论监管者是否进行监管，企业都将得到正常收益；假设食品生产加工企业的违法行为一旦被查处后不仅没收全部非法所得，还会受到一定程度的惩罚；同时，监管者在进行监管时，也需要支出一些费用，但如果能够成功查处食品生产加工企业的违法行为，将会受到一定额度的奖励。对于监管者而言，监管与不监管两种策略选择可能导致四种结果，即（监管，成功），（监管，失败），（不监管，被举报），（不监管，未被举报）；对于食品生产加工企业来说，也将有三种行为结果，即（生产安全食品，获得正常收益），（生产不安全食品，被查处），（生产不安全食品，未被查处）。

根据以上前提假设，构建食品生产加工企业与监管者之间的博弈模型，监管者的正常效用或所获得的一般支付表示为 W。若监管者成功查处企业违法生产不安全食品的行为，则可得到相应的额外补偿支付 U。监管者因工作失职，没有对违法行为进行监管而受到的处罚为 P_1，若监管者查处企业违法行为，所产生的监管成本为 P_2；监管者同时会对守法企业进行监督，相应的监管成本为 P_3。由于违法行为相对更为隐蔽，从而更加难以被监督和监管，一般假设 $P_3 < P_2$。

对企业而言，食品生产加工企业守法经营生产安全食品的一般正常收入假设

为 Q。若企业违法生产不安全食品，被查处后的处罚金额为 Q_1；若企业违法生产不安全食品，但侥幸未被查处，此时非法所得假设为 Q_2。则企业与监管者之间博弈的收益矩阵如表 7-1 所示。

表 7-1 食品生产加工企业和监管者的博弈模型（1）

监管者			食品生产加工企业	
			生产不安全食品	生产安全食品
	选择查处	查处成功	$W-P_3Q$, Q_1	$W-P_3$, Q
		未能查出	$W-P_2$, Q_2	$W-P_3$, Q
	不查处	被检举	$W-P_1$, Q_1	$W-P_3$, Q
		未被检举	W, Q_2	$W-P_3$, Q

进一步假设监管者查处食品生产加工企业违法生产不安全食品成功的概率为 λ，监管者不作为被检举的概率为 μ。由于前文分析对监管者的检举主要来自消费者和社会组织监督，而监管者查处不法行为主要受技术和法律法规制约，因此这两个外生参数由社会环境、技术、相关法规的完善程度以及食品生产加工企业本身的责任意识和成熟程度等因素决定。

为进一步简化模型且便于结合现实进行分析，令 $A=Q_2-Q$，表示食品生产加工企业违法生产不安全食品未被查处所获得的超额利润；令 $B=Q_1-Q$，表示食品生产加工企业违法生产不安全食品被查处后与守法经营时相比的效用差异。因此，可以通过 $A+B$ 来近似表示监管者对于违法食品生产加工企业的总体处罚力度。经过以上假设，表 7-1 的博弈收益矩阵可简化为如表 7-2 所示。

表 7-2 食品生产加工企业和监管者的博弈模型（2）

监管者		食品生产加工企业	
		生产不安全食品	生产安全食品
规制者	监管	$W-P_2+\lambda U$, $Q+A-\lambda(A+B)$	$V-X_3$, Y
	不监管	$W-\mu P_1$, $Q+A-\mu(A+B)$	W, Q

二、食品生产加工企业和监管者的博弈均衡分析

（一）纯策略均衡分析

根据假设可知，该博弈一共可能产生四种纯策略均衡，下文将就这四种纯策略均衡分别分析均衡结果的可能性及其实现条件。

（1）监管者履行职责进行监管，食品生产加工企业在监管下守法经营，即（监管，生产安全食品）。达到该均衡的条件为：

$$W - P_3 > W - \mu P_1 \tag{7-7}$$

且有 $Q + A - \lambda(A + B) < Q \tag{7-8}$

由式（7-7）、式（7-8）可进一步推出，$\lambda P_1 > P_3$ 与 $\lambda > \dfrac{A}{A+B}$。

以上均衡条件的含义在于，在监管者因失职或与被监管企业合谋所受的处罚力度大于对守法企业监管的成本的情况下，对监管者而言进行监管是其最优选择。此外，在监管者加大对违法行为处罚力度的情况下，食品生产加工企业会发现违法生产不安全食品得不偿失，选择守法经营。这种纯策略博弈均衡也是一种理想的状态。

（2）监管者采取监管策略，食品生产加工企业依然违法经营，即（监管，生产不安全食品）。该均衡的条件是：

$$W - P_2 + \lambda U < W \tag{7-9}$$

且 $Q + A - \mu(A + B) < Q \tag{7-10}$

由式（7-9）、式（7-10）可进一步推出，$\dfrac{\lambda U}{P_2 - \mu P_1} > 1$ 且 $\lambda < \dfrac{A}{A+B}$。

该均衡条件的含义在于，即使监管者选择进行监管，但当食品生产加工企业违法生产不安全食品的效用大于守法经营所获得的效用，企业无疑将选择违法生产不安全食品。这种均衡是最不理想的一种均衡状态，监管者在消耗了监管成本的同时却无法阻止企业的违法行为。若要避免该均衡状态，就必须加大对违法企业的惩罚力度，提高监管成功概率这一外生因素，满足 $\lambda > \dfrac{A}{A+B}$。

（3）监管者采取不监管策略，食品生产加工企业仍能自觉守法经营，即（不监管，生产安全食品）。达到均衡的条件是：

$$W - P_2 + \lambda U < W \tag{7-11}$$

且 $Q + A - \mu(A + B) < Q \tag{7-12}$

由式（7-11）、式（7-12）可进一步推出 $\lambda < \dfrac{P_2}{U}$，且 $\mu > \dfrac{A}{A+B}$。

该均衡条件的含义在于，当食品生产加工企业采取违法行为生产不安全食品并不能够获取比守法行为更多的收益时企业将选择守法经营；对于监管者而言，只有当监管违法行为的成本过高，而收益又太小时才会选择不监管的策略。在现实中，这几乎是不可能达到的均衡状态。

（4）监管者采取不监管策略，食品生产加工企业违法经营，即（不监管，生产不安全食品）。达到该均衡的条件是：

$$W - \mu P_1 > W - P_2 + \lambda U \tag{7-13}$$

$$且\ Q + A - \lambda(A + B) > Q \tag{7-14}$$

由式（7-13）、式（7-14）可进一步推出 $\dfrac{\lambda U}{P_2 - \mu P_1} < 1$ 且 $\mu < \dfrac{A}{A+B}$。

该均衡条件的含义在于，当食品生产加工企业违法生产不安全食品的效用大于守法经营所获得的效用，监管者也因监管导致其效用减少（惩罚力度小，因监管获得的支付也相对较低）而不愿意进行监管就会达到该纯策略均衡。由第二个条件可以看出，要促使监管者提高监管的积极性，则必须相应提高监管查处成功后的支付，并同时加大对监管者失职或与企业合谋或的处分力度，设法降低监管的代价。此外，社会监督力量也是影响均衡的一个重要外生因素，社会监督力量增强将会使参数 μ 增大，从而使博弈均衡向（监管，生产安全食品）移动。因此，为保证监管者监督行为正常行使且达到企业守法经营的目的，依靠监管机构以外的包括行业协会在内的社会组织以及消费者的外部监督作用具有重要意义。

（二）混合策略的均衡分析

该博弈模型也可能存在混合策略均衡。若同时下列满足条件：

$$\mu < \frac{A}{A+B}, \tag{7-15}$$

$$\lambda > \frac{A}{A+B}, \tag{7-16}$$

$$且\ \frac{\lambda U}{P_2 - \mu P_1} > 1 \tag{7-17}$$

则该博弈会陷入一种循环（监管者监管→企业守法→监管者不监管→企业违法→监管者监管）。区别模型中假设的监管者查处违法行为成功概率 λ 和监管者失职行为被检举概率 μ 两个外生变量，进一步设定两个博弈参与者内生选择的概率，食品生产加工企业选择违法生产不安全食品的概率为 p，监管者选择进行监管的概率为 q，进而分别分析监管者和食品生产加工企业的最优行为选择。

1. 监管者的最优行为选择分析

将监管者的预期效用设为 U_g，则有：

$$U_g = q[p(W - P_2 + \lambda U) + (1-p)(W - P_3)] + (1-q)$$
$$[p(W - \mu X_1) + (1-p)W] \tag{7-18}$$

解监管者效用最大化问题，令对 U_g 导数等于 0，解得：

$$p^* = \frac{P_3}{\lambda U + P_3 + \mu P_1 - P_2} \tag{7-19}$$

式（7-19）表明，监管者的最优行为选择取决于企业选择生产不安全食品的概率。当食品生产加工企业选择违法行为的概率小于 p^* 时，监管者不进行监管的效用将大于监管时的效用，因此监管者的最优选择是不进行监管；当食品生产加工企业违法生产不安全食品的概率大于 p^* 时，监管者的最优选择是进行监管；当食品生产加工企业违法生产不安全食品的概率等于 p^* 时，监管者是否进行监管并无差别。

对该行为分析的潜在政策含义在于，可以通过改变均衡概率 p^*，来改变监管者选择不监管行为的范围区域，其中最直接的是改变查处企业违法行为得到的额外补偿支付 U 和因工作失职而受到的处罚 P_1。p^* 的取值伴随 U 和 P_1 的值递减，当 U 和 P_1 增大时，监管者选择不监管的概率范围将变小，即提高对监管者不作为的惩罚力度和对监管查处成功的奖励，将有助于促进监管者行使职权，对监管者实施有效的激励和约束，可将食品生产加工企业违法生产不安全食品的概率 p^* 控制在一个可以接受的水平。

2. 食品生产加工企业的最优行为选择分析

将食品生产加工企业的预期效用设为 U_s，则有：

$$U_s = p\{q[Q + A - \lambda(A + B)] + (1 - q)[Q + A - \mu(A + B)]\} + (1 - p)Q$$
$$(7 - 20)$$

解企业的最大化问题，对 U_s 导数等于 0，有：

$$q^* = \frac{A - \mu(A + B)}{(\lambda - \mu)(A + B)} \qquad (7 - 21)$$

式（7 - 21）表明当监管者选择进行监管的概率小于 q^* 时，食品生产加工企业的最优策略选择是生产不安全食品；当监管者进行监管的概率大于 q^* 时，食品生产加工企业的最优策略是生产安全食品；当监管者进行监管概率等于 q^* 时，两种策略选择对食品生产加工企业而言效用相同。

该行为分析的潜在政策含义在于，可以通过制定政策影响均衡概率 q^*，进而限制食品生产加工企业选择违法行为的区域范围，容易影响的变量是监管者失职行为被检举概率 μ、食品生产加工企业违法生产不安全食品未被查处所获得的超额利润 A 和食品生产加工企业违法生产不安全食品被查处后与守法经营时相比的效用差异 B，μ 越大，A 越小，B 越大，则食品生产加工企业违法生产不安全食品的可能性越小。这表明完善来自消费者和第三方组织的社会监督，加大对企业违法经营被查处后的处罚力度，降低企业违法经营所能够获取的额外收益，将大大降低企业违法经营的积极性。

食品安全监管可以看作包括政府监管机构、企业、消费者在内的各相关利益主体不断博弈的过程，同时也是一种通过信息控制与信息揭示调控各主体行为以改变食品安全水平的过程。基于上述的博弈分析，可以看出合理的食品安全监管制度安排，应该建立在对各方利益主体进行博弈分析结果之上，充分发挥政府监管机构的主导作用，推进对监管机构的体制改革并加强对监管者的监督、激励与约束，加大对不法行为的惩处力度；同时通过食品的信息标识、可追溯制度、召回制度等一系列覆盖全过程的食品安全监管手段，为企业提供持续激励。在此基础上激励食品生产加工企业建立自身信誉、树立企业社会责任，实现政府监管与市场激励的无缝整合。此外，包括媒体、第三方组织在内的社会监督，也将对监管者的行为起到补充和监督作用。而消费者本身作为博弈的一方参与者，其对于食品安全风险的认知以及对安全食品的需求和支付意愿，也将最终影响博弈的均衡状态。消费者形成维护自身利益的团体，增强在博弈中的力量，将有利于博弈均衡向食品安全水平提高的方向偏移。

基于此，笔者将在后文中，探讨具体食品安全监管政策工具的应用，分析可追溯制度与追责处罚相互配合激励企业生产安全食品的作用以及食品召回政策工具的应用效果，最终归结于构建综合政府、企业、消费者以及社会第三方组织等多重力量推动食品安全社会共治的治理框架。

下篇 我国食品安全监管实践与政策工具

第八章　食品安全可追溯、可追责的理论与仿真模拟

基于前文的分析，笔者将在接下来的两章中，对食品安全可追溯体系以及食品召回机制这两项代表性食品安全监管政策工具的作用机制及应用效果进行分析。食品安全监管政策工具的应用是在食品安全监管体制下的具体监管实践，政策工具的使用也是以提升监管绩效为最终目标。有关具体食品安全监管政策工具应用的分析，一方面是对前文中有关监管动因、监管绩效、监管体制等分析的印证，另一方面也为后文提出食品安全社会共治提供了理论与实证基础。

由于食品具有的特殊信任品属性及信息不对称的情况普遍存在，笔者在前文中论述了食品安全领域进行监管的必要性。在此基础上，通过博弈的理论分析，前文亦指出加大对违法企业惩处力度对于威慑不法企业的重要意义。这一思路也具体体现在我国食品安全监管的立法与执法实践当中。2015 年，新《食品安全法》再次强调建立最严格的监督管理制度，同时提出建立食品安全全程可追溯制度并大幅提高了对企业违法行为的惩处力度。在党的十八届四中全会提出全面推进依法治国的背景下，我国政府针对食品安全问题的解决思路，也正逐步向完善立法、明确企业责任、约束企业行为的方向转变。通过立法加大对企业违法行为的惩处力度，其本质目的在于对企业形成威慑，抑制其通过牺牲食品安全以换取降低成本的背德行为，然而单纯加大处罚力度仅是抑制食品安全市场中道德风险的一个中间环节，若无法配合以确保追溯到问题源头企业的有效机制，终究难以获到全效。对于企业违法行为的处罚可以归属为事后监管工具，而使事后追责处罚行之有效的关键是保证对食品安全问题源头的成功追溯，通过建立食品安全可追溯体系以促进食品供应各环节上下游企业及消费者之间食品质量安全信息的有效传递，从而确保食品安全问题出现时可以追溯到问题发生的环节和源头，并通过立法确保违法行为能够被依法追究相应责任，从而实现通过事后监管对企业形成事前的有效威慑，应是从追责角度解决食品安全问题的关键。以全程可追溯配合追责处罚抑制企业道德风险的作用机制是我们关心的一个问题，基于此，本章

试图通过构建一个包含上下游企业及消费者在内的食品供应链模型，探索食品安全可追溯以及可追责控制企业违法行为的传导机制，并通过基于代理的仿真模拟进行验证。

食品的信任品属性是食品市场中存在信息不对称以及由此导致市场失灵问题的根源。Segerson（1999）指出如果消费者对于食品的潜在风险缺乏信息，那么无法单纯依赖市场机制和企业的自发行为控制食品安全风险，政府干预有其必要性。事前监管与事后监管本身是两种相互配合的食品风险控制方式，事前监管被认为具有"防患于未然"的先天优势，但事后监管也并非完全是一种"补救"措施，例如食品安全可追溯体系往往也可以对企业形成潜在"威慑"，同样可以发挥防范作用。此外，以质量安全检验为主的事前监管和以追责惩罚为主的事后监管在激励被监管企业加强食品安全控制方面可以起到互补作用。

作为一种重要的事后监管机制，食品安全可追溯至 20 世纪末在西方国家开始普遍实行。Hobbs（2004，2006）提出了食品安全可追溯体系的三大功能：①事前提供食品质量安全信息，降低消费者信息成本；[①] ②事后搜寻食品危害来源，并以产品召回等补救措施避免危害扩大，将社会成本最小化；③事后明确食品安全危害来源与责任归属，利用追责形成对企业的激励。基于此，笔者将食品安全可追溯定义为在食品供应链中，能够回溯整个供应过程，并定位到引发食品安全危害的源头。

Hobbs（2004）强调了以追溯危害源头为配合向违法企业追究法律责任的重要意义。有关可追责方面的文献早见于产品安全、交通事故以及医疗等方面的研究。Polisky（1980）和 Shavell（1984）构建了关于可追责的经典理论模型。近年来国外有学者开始研究食品安全监管领域的追责问题（Buzby，1999；Loureiro，2008）。

可追溯体系可以提高食品安全危害发生后回溯到问题源头的准确度，通过可追溯能够提高违法企业受到法律惩处的概率。可追责则确保能够对问题源头企业按照其违法行为所引致的社会成本进行惩处。近年来，开始有学者针对食品安全信息披露、可追溯体系对企业食品安全控制行为的激励机制展开研究。Starbird（2006）将事前质量检测准确率和对违法企业追责比例同时纳入企业成本函数，发现只要两种手段相互配合，确保对违法企业进行追责且将检测偏误控制在最低水平，则可对企业生产安全食品提供足够的激励。Pouliot（2008）同样发现，以潜在的责任追溯对企业形成有效激励必须以可追溯体系的建立作为保障。Filho（2012）指出了为了激励上游企业提供安全无污染的原料半成品，可追溯与对违法

---

① 根据 Daughety 和 Reinganum（2008），食品安全信息披露的方式包括直接披露信息和价格显示质量信号。从动机角度可将信息披露分为强制性披露和在惩罚机制威慑下的自愿披露。本章探讨应属后者。

企业的惩处必须配合使用，单独实施的可追溯体系并不能保证对企业形成激励。

但已有研究在刻画食品安全可追溯体系与追责惩罚的复合作用机制方面仍显不足，未能有效揭示食品质量安全控制中惩罚力度与惩罚准确度相辅相成的内在逻辑。单纯强调加大处罚力度究竟会起到威慑作用抑或扭曲企业的生产决策，这一问题也未得到解答。此外，限于微观数据获取难度较大，以上理论模型更难以获得实证支持。基于此，本章将在 Pouliot（2008）的基础上，构建一个包含上下游企业以及消费者的食品供应链模型，研究以可追溯和可追责制度共同影响企业生产决策的作用机制，并通过基于代理的仿真模拟进行实证验证，从维持企业存续盈利及降低食品安全事故率的双重角度检验可追溯与可追责的复合作用。

第一节　理论模型假设

假设存在一个包含上下游企业的两阶段食品供应链，上游企业向下游企业提供初级产品或原材料，下游企业销售成品。在理论模型中假设上下游企业皆为同质，仅考虑存在单个企业的情况，并不涉及市场结构及竞争对于企业生产决策的影响，企业与消费者均为风险中性。首先假设企业需要投入一定的生产成本以提高食品安全程度，以食品存在危害的概率（食品污染率）p 反向衡量食品安全程度，食品安全程度是企业投入相应生产成本的单调递减函数，则该成本亦为食品安全程度的反函数，假设企业生产成本为 $c(p)$，且有 $c'(p) < 0$，$c''(p) > 0$ 即食品安全程度越高则所需投入的生产成本也越高，且边际成本递增。[1]

以 μ 表示食品安全事故发生的概率。需要说明的是，企业所生产的食品污染率与食品安全事故发生率是不同的概念。Starbird（2006）指出上游企业向下游企业供货中经过的抽检存在偏误，这种偏误可能来自检验技术本身，也可能来自于抽样偏误（从存在不安全食品的样本中仅抽出安全食品）。抽检偏误所带来的结果是可能将 100% 安全的食品检测为污染食品，也可能出现以次充好的情况。根据 Starbird（2006），假设食品安全事故率是企业生产成本的单调递减函数，根据前文假设亦可推知食品安全事故率为食品污染率的单调递增函数。[2] 用 c_i、c_j

---

[1] 实际上企业所投入的生产成本不仅限于产品安全控制方面的成本，同样出于简化分析的目的，我们将企业用于食品安全控制的努力程度等同于生产成本。

[2] Pouliot 和 Sumner（2008）假设食品安全程度是企业投入成本的减函数，将投入成本作为企业的生产决策形式，根据本章的假设企业主要通过调整产品安全程度（污染率）进行生产决策，并不对函数的具体形式进行设定，仅明确基本的函数关系，并不影响后文的分析。

分别表示下游企业和上游企业投入的生产成本，用 p_i、p_j 分别表示下游、上游企业产品的安全程度（污染率）。由于模型同时考虑了上下游企业发生食品安全问题的可能性，因此最终发生食品安全事故的概率可表示为 $\mu(p_i, p_j)$，并进一步假设上下游企业通过调整生产成本来控制食品安全事故率的行为相互独立，即 $\frac{\partial^2 \mu(p_i, p_j)}{\partial p_i \partial p_j} = 0$。将最终发生食品安全事故的概率进行分拆：

$$1 - \mu(p_i, p_j) = [1 - \mu(p_i)][1 - \mu(p_j)] \tag{8-1}$$

$\mu(p_i)$ 和 $\mu(p_j)$ 分别表示下游企业提供不安全食品给消费者的概率和上游企业提供不安全的食品原料或初级产品给下游企业的概率，二者相互独立，且 $\mu'(p_i) > 0$，$\mu'(p_j) > 0$。式（8-1）的含义在于，如果上下游企业生产的食品均为安全的，则最终食品安全事故率为 0，只要上下游企业当中任一个环节存在食品安全问题，则最终食品安全事故率不为 0。同样，最终食品安全事故率随食品污染率递增。

模型中对食品安全问题的追溯是指从供应链的终端即消费者开始反向溯源，先由消费者向下游企业追溯，继而由下游企业向上游企业追溯。成功的追溯是指能够识别上游或者下游企业何者为食品污染的真正来源，并对问题来源企业进行追责惩罚。分别用 Q_i、Q_j 表示食品安全事故发生时能够成功追溯到下游企业和追溯到上游企业的概率。假设 Q_i、Q_j 相互独立，则食品安全问题可以由消费者成功追溯至上游企业的概率（表示为 $Q_i Q_j$）外生决定。

假设在能够成功向企业进行追溯的情况下，企业生产不安全食品导致的社会成本由企业和消费者共同分担，对于企业追责所产生的惩罚成本仅为社会成本的一定比例。[①] 假设由企业承担的比例为 θ，$\theta \in [0, 1]$，其余 $1 - \theta$ 的比例由消费者承担。本章所提及的社会成本分配比例仅在消费者与上下游企业之间分配，该比例是由法律制度外生决定的。企业之间追责惩罚成本的分配取决于企业提供不安全食品的概率 $\mu(p_i)$ 和 $\mu(p_j)$，以及成功追溯的概率 Q_i 和 Q_j，只要能够成功追溯则该企业一定会承担相应的社会成本。

在食品供应链中，消费者支付意愿直接影响企业利润水平，因此在展开企业决策行为分析前，有必要对消费者的效用及支付意愿进行分析。假设消费者为安全食品愿意支付的金额为 W，消费者支付意愿取决于食品价格 P 和消费者由于无法向问题源头追溯所承担的损失：

$$W = P + (1 - Q_i) \mu(p_i, p_j) D \tag{8-2}$$

---

① 由于不安全食品所导致的消费者健康问题的时滞性，通常在消费者发现食品安全问题时实质上已经承受了一部分损失，而且即使消费者能够通过可追溯和可追责体系的建立追索一部分赔偿，我们仍然假定企业不会完全承受所有消费者的损失，因为这种损失本身是难以界定全部由企业造成的。

式中，D 表示发生一次食品安全事故所造成的总损失或者总的社会成本，$\mu(p_i, p_j)D$ 表示期望社会成本。$(1-Q_i)\mu(p_i, p_j)D$ 表示最终发生食品安全事故但无法追溯到下游企业导致消费者承受的损失。根据 Oi（1973），P 表示一个期望完全价格，W 则相当于一个担保价格。在本章中，我们可以认为价格 P 才是消费者真实的支付意愿，是产品质量安全水平的函数，而 W 则是消费者对于安全食品的一个保底支付意愿，是不随产品质量而变化的。不同情况下企业和消费者由于食品安全事故发生所承担的社会成本如表 8-1 所示。

表 8-1　上下游企业、消费者因食品安全事故所承担的社会成本

	上游企业	下游企业	消费者
无法向上追溯	0	0	$(1-Q_i)\mu(p_i, p_j)D$
消费者能追溯到下游企业，但不能追溯到上游企业	0	$Q_i(1-q_i)\mu(p_i, p_j)\theta D$	$Q_i(1-Q_j)\mu(p_i, p_j)(1-\theta)D$
能够追溯到上游企业	$Q_iQ_j\mu(p_j)\theta D$	$Q_iQ_j\mu(p_i)(1-\mu(p_j))\theta D$	$Q_iQ_j\mu(p_i, p_j)(1-\theta)D$

第二节　可追溯与可追责对企业决策的影响

食品安全程度通过影响企业的成本和利润进而影响企业的决策，单个下游企业通过调节自身所生产食品的污染率控制成本以实现自身利润最大化，下游企业利润可以表示为：

$$\pi_i = P - c(p_i) - Q_i[\mu(p_i)(1-\mu(p_j)) + (1-Q_j)\mu(p_j)]\theta D - \rho \qquad (8-3)$$

式中，$Q_i[\mu(p_i)(1-\mu(p_j)) + (1-Q_j)\mu(p_j)]\theta D$ 表示下游企业被追责所承担的成本。[①] 其中包括自身产品存在问题导致的成本 $Q_i\mu(p_i)(1-Q_j\mu(p_j))\theta D$ 和源自上游企业的问题但无法向上游企业追溯所引致的成本 $Q_i(1-Q_j)\mu(p_j)(1-\mu(p_i))\theta D$（即"背黑锅"的部分）两部分。需要注意的是，广义的追责成本不仅包含对企业违法行为的直接惩罚，同时也包含因为企业声誉损失所带来的潜在损失，在这里我们仅考虑直接的惩罚给企业带来的成本。ρ 表示下游企业向上游企业购买原材料、初级产品的支付。下游企业无法观测到每一个上游企业所提供的

---

① 这里下游企业因食品安全问题被追责所承担的成本，等于表 8-1 中下游企业所承受的追责成本的总和。

监管绩效、体制改革与政策实践：我国食品安全监管的理论与实证研究

原材料和初级产品的安全程度，其购买决策是以平均安全水平作为参照的，因此下游企业向上游企业的支付可以进一步表示为：

$$\rho = V - Q_i(1 - Q_j)\mu(p_j)(1 - \mu(p_i))\theta D \tag{8-4}$$

式中，V 定义为下游企业为了购买安全的原材料和初级产品愿意向上游企业提供的支付，不随上游企业生产的食品安全水平变化[①]。上游企业利润则可以表示为：

$$\pi_i = \rho - c(p_j) - Q_iQ_j\mu(p_j)\theta D \tag{8-5}$$

上游企业的利润取决于从下游企业获得的支付、生产成本以及被成功追溯所付出的追责惩罚成本。

接下来考虑改变外生的可追溯成功概率对于企业决策的影响。根据前文假设，企业通过调整所生产食品的安全程度（污染率）μ 进而改变其成本分布进行生产决策，目标是利润最大化。我们先关注下游企业和上游企业利润最大化的内点解，讨论当企业生产不安全食品比例不为 0 时，可追溯成功率如何影响企业的决策。结合式 (8-1)、式 (8-2) 求解式 (8-3) 的最大化一阶条件，结合式 (8-4) 求解式 (8-5) 的最大化一阶条件，分别整理得到式 (8-6) 和式 (8-7)：

$$c'(p_i^*) = [(1-\theta)Q_i - 1]\mu'(p_i^*)[1 - \mu(p_j)]D \tag{8-6}$$

$$c'(p_j^*) = Q_i[\mu(p_i)(1 - Q_j) - 1]\mu'(p_j^*)\theta D \tag{8-7}$$

根据隐函数求导法则将式 (8-6) 对 Q_i 求导，则有：

$$\frac{\partial p_i^*}{\partial Q_i} = -\frac{(1-\theta)\mu'(p_i^*)[1 - \mu(p_j)]D}{[(1-\theta)Q_i - 1]\mu''(p_i^*)[1 - \mu(p_j)]D - c''(p_i^*)} \tag{8-8}$$

$$\frac{\partial p_i^*}{\partial \theta} = -\frac{Q_i\mu'(p_i^*)[1 - \mu(p_j)]D}{[(1-\theta)Q_i - 1]\mu''(p_i^*)[1 - \mu(p_j)]D - c''(p_i^*)} \tag{8-9}$$

对下游企业而言，实现利润最大化的二阶条件为：

$$[(1-\theta)Q_i - 1]\mu''(p_i^*)[1 - \mu(p_j)]D - c''(p_i^*) < 0 \tag{8-10}$$

由此可知式 (8-8) 的分母小于零，根据前文假设可知 $1 - \theta > 0$，$1 - \mu(p_j) > 0$，且由下游企业导致食品安全事故发生的概率为下游企业生产食品污染率的增函数即 $\mu'(p_i^*) > 0$，故可知 $\frac{\partial p_i^*}{\partial Q_i} > 0$。同理可以推得 $\frac{\partial p_i^*}{\partial \theta} < 0$。

将式 (8-7) 分别对 Q_i、Q_j、Q 求导，则有：

$$\frac{\partial p_i^*}{\partial Q_i} = -\frac{[\mu(p_i)(1 - Q_j) - 1]\mu'(p_j^*)\theta D}{Q_i[\mu(p_i)(1 - Q_j) - 1]\mu''(p_j^*)\theta D - c''(p_j^*)} \tag{8-11}$$

[①] 由于对上下游企业的追责惩罚是外生的，消费者和下游企业的支付意愿均与食品安全程度无关，因此追溯模式为消费者分别向上下游企业追溯，或消费者向下游企业，下游企业再向下游企业追溯之间并无区别。

$$\frac{\partial p_i^*}{\partial Q_j} = -\frac{Q_i\mu(p_i)\mu'(p_j^*)\theta D}{Q_i[\mu(p_i)(1-Q_j)-1]\mu''(p_j^*)\theta D - c''(p_j^*)} \tag{8-12}$$

$$\frac{\partial p_i^*}{\partial \theta} = -\frac{Q_i[\mu(p_i)(1-Q_j)-1]\mu'(p_j^*)D}{Q_i[\mu(p_i)(1-Q_j)-1]\mu''(p_j^*)\theta D - c''(p_j^*)} \tag{8-13}$$

对上游企业而言，实现利润最大化的二阶条件为：

$$Q_i[\mu(p_i)(1-Q_j)-1]\mu''(p_j^*)\theta D - c''(p_j^*) < 0 \tag{8-14}$$

可知式（8-11）分母小于零，由 $0 < \mu(p_i) < 1$ 且 $0 < Q_j < 1$ 可知 $\mu(p_i)(1-Q_j)-1$，同时由上游企业导致发生食品安全事故的概率为上游企业生产食品污染率的增函数即 $\mu'(p_j^*) > 0$，可知 $\frac{\partial p_i^*}{\partial Q_i} < 0$，同理可知 $\frac{\partial p_i^*}{\partial \theta} < 0$。由 $Q_i > 0$ 且 $\mu(p_i) > 0$，可知 $\frac{\partial p_i^*}{\partial Q_j} < 0$。

我们同样可以求得企业利润最大化问题的角点解，即企业生产完全安全食品的条件，与内点解相互参照。对下游企业而言，把式（8-1）、式（8-2）代入到式（8-3）并对下游企业生产的食品安全程度 p_i 求偏导，以 $\mu(p_k^*)$ 表示企业选择的最优食品安全程度，则一阶条件为：

$$-(1-Q_i)\mu'(p_i^*)[1-\mu(p_j)]D - c'(p_i^*) - Q_i\mu'(p_i^*)[1-\mu(p_j)]\theta D < 0$$ 即
$$[(1-\theta)Q_i - 1]\mu'(p_i^*)[1-\mu(p_j)]D - c'(p_i^*) < 0 \tag{8-15}$$

由于存在角点解的情况下 $p_i^* = 0$，此时通过角点解成立条件可以推算出：

$$Q_i < \frac{1}{1-\theta}\left\{1 + \frac{c'(p_i^*)}{[1-\mu(p_j)]\mu'(p_i^*)D}\right\} \tag{8-16}$$

$$\theta > 1 - \frac{1}{Q_i}\left\{1 + \frac{c'(p_i^*)}{[1-\mu(p_j)]\mu'(p_i^*)D}\right\} \tag{8-17}$$

式（8-16）说明，在无法保证向上游企业进行追溯的情况下，为了使下游企业生产完全安全的食品，对向下游企业的追溯不宜过于严格。因为下游企业可能承担了一部分上游企业本应承担的赔偿责任，对其追溯过于严格可能造成不当的激励，这与内点解的结果保持一致。式（8-17）提出了保证下游企业生产安全食品的最低追责惩罚成本比例。

同理可以推得上游企业利润最大化角点解的存在条件，将式（8-4）代入式（8-5）中并对 p_j 求偏导数，得到一阶条件为：

$$-Q_i(1-Q_j)\mu'(p_j^*)(1-\mu(p_i))\theta D - c'(p_j^*) - Q_iQ_j\mu'(p_j^*)\theta D < 0 \tag{8-18}$$

通过整理式（8-18）则可以得到角点解存在的条件分别为：

$$Q_i > \frac{c'(p_j^*)}{\mu'(p_j^*)[\mu(p_i)(1-Q_j)-1]\theta D} \tag{8-19}$$

$$Q_j > 1 - \left[\frac{c'(p_j^*)}{Q_i \mu'(p_j^*) \theta D} + 1 \right] \frac{1}{\mu(p_i)} \qquad (8-20)$$

$$\theta > \frac{c'(p_j^*)}{Q_i \mu'(p_j^*) \left[\mu(p_i)(1 - Q_j) - 1 \right] D} \qquad (8-21)$$

由式（8-18）可以发现，令上游企业生产完全安全食品同时取决于向下游和上游企业追溯的成功率。式（8-19）、式（8-20）分别给出了令上游企业生产安全食品所要求的向下游企业追溯的最低成功率和向上游企业追溯的最低成功率。式（8-21）给出了令上游企业生产安全食品所要求的最低追责惩罚比例。角点解与内点解成立条件基本一致。

通过以上分析可以看出，对上游企业而言，因为处于食品供应链顶端，与消费者之间以下游企业作为其责任的"缓冲地带"，如果要使其生产完全安全无污染的食品，必须保证一定的追溯成功率。对于下游企业而言，如果要抑制其生产不安全食品虽然可以通过可追溯、可追责进行威慑，但如果不能保证在向下游企业追责的同时向引发安全问题的上游企业追责，过于严厉的追溯与追责制度可能对下游企业形成负向激励。即如果无法保证可以对上游企业进行追溯，则对下游企业的追溯与追责不宜过于严厉；如果可以同时对上下游企业进行追溯，则应保证可追溯成功率不低于一定的限度。

第三节　仿真模拟

由于现实中来自企业的追溯、处罚数据难以获得，笔者将通过仿真模拟对理论模型进行验证。通过基于代理的模型（Agent Based Model）进行仿真模拟，一方面通过模型的随机性赋予代理异质性；另一方面通过代理间以及代理与环境的互动能够反映个体行为导致总体特征产生的内在逻辑，即"涌现"现象（Wilensky、Rand，2015）。因此可以按照理论模型设定 ABM 模型框架并设置参数以实现个体仿真，并将理论模型拓展为存在异质性多个企业的情况，进而验证理论模型所得出的总体特征是否存在。本章的仿真模拟通过 Netlogo5.0 软件实现。

一、模型结构与 Agent 设定

按照理论模型假设，构建一个包含上下游企业和消费者在内的两级食品供应

链仿真模型。模型中包含两大类主体：企业（海龟）和消费者（瓦片）。[1] 主体的行为包括移动和交易。我们以企业在空间上的随机移动来模拟企业间、企业与消费者交易的发生。[2] 企业的收益为交易所得，成本包括固定成本、可变成本与惩罚成本。其中固定成本由企业的移动产生，与企业是否实现交易无关；企业的可变生产成本与食品安全事故率正相关，最终发生食品安全事故的概率受上下游企业共同影响。食品安全问题发生时，可由消费者向下游企业，再由下游企业向上游企业逐层追溯。追溯成功率和追责惩罚金额外生决定。仿真模拟中的企业利润及成本计算按照前文理论模型进行设定，在此不再赘述。

本章通过 ABM 仿真模拟所要验证解决的现实问题是：追溯成功率、追责惩罚金额等外生变量对上下游企业维持存续盈利以及降低食品安全事故率的影响。我们以企业数量来表示企业的存续和盈利情况，即企业若盈利则数量增加，若亏损则因倒闭而数量减少。[3] 因此上下游企业的数量和食品安全事故率是被测试变量。企业的食品安全事故率作为模型的参数之一可以直接被观测到，而模拟和分析上下游企业的存续、盈利情况的一个必要前提是设定企业及消费者的初始财富、成本等参数。笔者通过多次试验，将该 ABM 模型所需设定的参数赋值如表 8-2 所示。[4]

表 8-2　模型固定参数及赋值情况

参数	参数赋值	参数含义
number – of – producer	10	上游企业初始数量
number – of – seller	500	下游企业初始数量
money	100	上游企业初始资金
	100	下游企业初始资金
fix – cost – p	0.60	上游企业单位固定成本
fix – cost – s	0.30	下游企业单位固定成本
C	1	上游企业单位可变成本

①　瓦片和海龟是 Netlogo 的基本代理类型，海龟相当于活动的代理，瓦片则是代理活动的环境。这里假设消费者是瓦片、企业为海龟的理由有二：一是现实中与企业相比消费者的数量更多，二者数量比例并不会精确还原于模型中，但并不影响模型抽象得出的结论；二是需要将企业分类为上游企业和下游企业。

②　现实中应该是消费者移动而企业位置相对固定，而这里则正好相反，但由于模型反映的是相对空间位置的变动，因此这一假设对于模拟结果并无影响。

③　在 Netlogo 软件中，代理的孵化即相当于现实经济中规模扩大后子公司的产生。

④　通过试验进行参数赋值的标准如下：其一，尽量符合现实的资金比例，如上游生产加工企业的固定成本和可变成本相比下游零售企业更高等；其二，使仿真模拟运行结果能够保证进入一种稳态均衡运行。

参数	参数赋值	参数含义
C′	0.30	下游企业单位可变成本
P	5	上游企业单位收入
P′	10	下游企业单位收入
earn	0.80	消费者收入
psp	0.05	上游企业初始食品安全事故率（$\mu(p_i)$）①
pss	0.05	下游企业初始食品安全事故率（$\mu(p_i)$）
ptp	外生变量	下游企业向上游企业追溯成功率（Q_j）
pts	外生变量	消费者向下游企业追溯成功率（Q_i）
per	外生变量	追责惩罚金额

关于参数赋值及模型设定还有以下需要说明的几点：第一，由于本模型通过模拟"企业若被追溯成功将受到惩罚导致资产下降甚至面临倒闭"这一流程展开分析，代理所拥有的初始资金、孵化边界、固定成本、可变成本、收入以及惩罚成本之间的具体赋值及比例关系只会影响企业存续的循环周期长度，并不影响最终结论；第二，由于本模型并不涉及消费决策，因此设定了消费者资金上限（10 单位）；第三，参考 Netlogo 经典孵化模型的设定，笔者将上下游企业的孵化边界定为 200，即当上下游企业的资金增长至 200 时，该企业资金降为 100，同时重新产生一个初始资金为 100 的企业。

模型需要分析的可变参数包括消费者向下游企业的追溯成功率、下游企业向上游企业的追溯成功率以及惩罚成本金额。其中，模拟过程中追溯成功率的取值为从 0 到 1 间隔为 0.1 共 11 个值，惩罚金额为从 0 到 100 间隔为 10 共 11 个值，因此共 1331 个组合。模型共运行 3000 步，因此一次模拟共产生 3993000 个仿真数据点。

二、仿真结果讨论

需要说明的是，相比被测试变量的具体取值，研究更关注的是在不同参数设定下被测试变量在时间序列上变化趋势的跃进，即群体"涌现"现象。一方面，因为仿真模拟产生的数据量庞大，被测试变量的具体取值仅体现其个体特征，可变参数对被测试变量的影响并非反映为后者随前者变化，而是参数超过某一边界

---

① 仿真模拟中无法对食品安全程度 p 与食品安全事故率 $u(p)$ 作进一步区分，后文所涉及的均为事故率 $u(p)$。

或范围导致被测试变量的时间变化趋势发生跃迁，即由个体行为所导致的群体趋势与规律。另一方面，由于仿真模拟的参数取值不可能完全还原现实，因此与仿真运算结果的绝对取值相比，变量取值的相对关系与变化趋势更能反映本书所要探究的问题。

1. 企业食品安全事故率外生决定的情况

我们首先考虑上下游企业食品安全事故率外生给定的情况，分析对上下游企业追溯的成功率及追责惩罚对企业存续、盈利的影响。食品安全事故率参考卫生事业发展统计公报、食药监管总局统计年报以及相关统计年鉴中的食品抽检合格率进行设定。

（1）当 per = 0 与 pts = 0 二者至少有一个成立时，此时消费者无法向下游企业追溯（下游企业向上游追溯亦不可能）或无法形成对上下游企业的追责惩罚。此时上下游企业的存续为无追溯、无追责状态。如图 8 - 1 所示，由于下游企业是上游企业的收入来源，当下游企业增多，上游企业数量也开始上升，当上游企业达到一定数量时，开始抑制下游企业增长并导致下游企业数量下降，当上游企业数量超过下游企业后上游企业数量开始下降，由此进入一个循环稳态。我们将这种无追溯、无追责因素的稳态称之为交叉波动循环稳态。

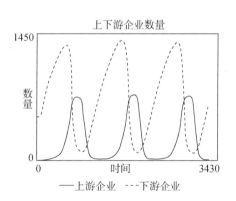

图 8 - 1 per = 0，pts = 0 至少一个成立时企业存续

（2）当 per 与 pts 均不为 0 时。若 per 与 pts 取值均较低（如 per ≤ 10，pts ≤ 0.15），如图 8 - 2 所示，此时下游企业的数量上升也会导致上游企业数量增加，但由于存在对违法企业的追溯与追责，下游企业的数量不足以维持上游企业数量上升到超过下游企业。因此，上下游企业的数量在时间序列中分别波动并不发生交叉，我们称之为波动稳态。

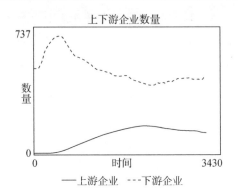

图 8 – 2　per 与 pts 取值较低时企业存续情况

（3）当 per、pts 取值较高的其他情况下，下游企业的数量较少，无法提供维持上游企业存续所需的足够交易量，上游企业数量会迅速减少到 0。① 如图 8 – 3 所示。

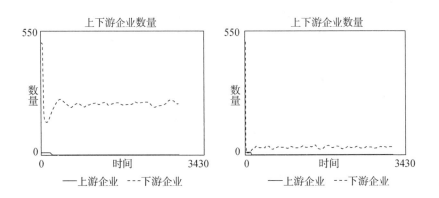

图 8 – 3　per 与 pts 取值较高时企业存续情况

在食品安全事故率外生决定的情况下我们可以得出以下推论：

推论一：如果企业无法通过生产决策调整食品安全程度，则向企业追溯、追责会成为抑制企业存续成长的因素，在上游企业无法长期维持经营的情况下，能够稳定存续的下游企业数量也随追溯成功率和追责惩罚金额的提高而减少（图 8 – 3 的左图中 per = 20，pts = 0.2，右图中 per = 50，pts = 0.5）。

---

① 基于模型假设，下游企业的经济来源是消费者，在此假设之下，下游企业不会倒闭，因此本章所说的企业存续问题主要是针对上游企业而言。

推论二：下游企业向上游企业追溯成功率 ptp 高低对上下游企业存续并无明显影响。

2. 企业可以自行调节食品安全事故率的情况

在现实中企业并不会保持生产决策不变，面对食品安全追溯、追责的外生政策因素，企业可能自行调节食品安全事故率。当追溯成功时，企业会自行提高食品安全程度；当无法形成对企业的追溯时，企业会维持食品安全程度不变或降低安全程度。

（1）追溯和追责对企业存续盈利的影响。考虑到食品安全追溯、追责手段对上下游企业经营存续的影响，可以直观发现以下几点：第一，若 per = 0 与 pts = 0 二者至少有一个成立时，此时无法形成对企业的追溯，企业的存续状态仍为图 8 - 1 所示的交叉波动循环稳态；第二，当 per、pts、ptp 均大于 0 时，假设追责惩罚 per 取值固定，此时唯有 ptp > pts 成立时，上游企业才可长期存续，若 ptp 远大于 pts 则为交叉波动循环稳态，若 ptp 略大于 pts 则为波动稳态（如图 8 - 4所示，三张图分别为 pts = 0.6，ptp = 0.2；pts = 0.2，ptp = 0.6；pts = 0.2，ptp = 0.3 时的情况）；per 取值越大，越不利于上游企业存续，需要保证上游企业存续的 ptp - pts 差值越大。

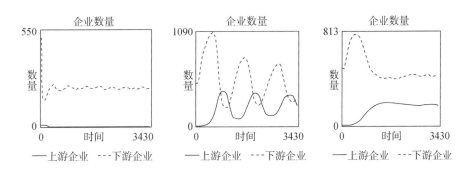

图 8 - 4 企业可调节食品安全事故率 per、pts、ptp 均大于 0 的情况

由此可得出以下推论：

推论三：若企业在被成功追溯后降低食品安全事故率，无法被追溯时保持食品安全事故率不变，则较大的追责惩罚力度需要向上游企业追溯的成功率更高方可保证上游企业的存续盈利。因此从维持企业存续经营的角度来说，对违法企业的惩罚力度并非越大越好，而是高强度惩罚必须与高准确度的追溯相配合。

推论四：若企业在被成功追溯时降低食品安全事故率，无法被追溯时提高食品安全事故率，则高追责处罚力度必须辅以高追溯成功率才能维持企业长期存续。

推论五：在企业可以根据追溯、追责自行调节所生产食品安全程度的情况下，维持上游企业长期存续的关键在于保持较高的向上游企业追溯的成功率。

（2）追溯和追责对企业控制食品安全事故率、提高食品安全程度的影响。假设上下游企业初始食品安全事故率 pss = psp = 0.05，企业若被追溯会降低食品安全事故率，若无法被追溯则会提升食品安全事故率，通过运行仿真模拟程序500 步，可以发现以下问题：第一，当 pts = 0 时，由于无法向企业追溯，因此上下游企业生产的食品事故率 psp、pss 均会快速收敛为 1，即若企业可自行调节食品安全事故率且无法被追溯，则企业会为了降低成本生产完全不安全食品；第二，当 pts ≠ 0，ptp = 0 时，下游企业事故率 pss 快速收敛为 1，上游企业事故率 psp 不会收敛为 0，而是波动中收敛为 1；第三，ptp > 0 且 pts > 0 时，若 pts ≥ 0.4 时，下游企业事故率 pss 可以收敛为 0，pts 取值越高，能够使上游企业事故率 psp 收敛为 0 所需的 ptp 值越低（如表 8 - 3 所示）。图 8 - 5 显示了 pts = 0；pts ≠ 0，ptp = 0；以及 pts = 0.6，ptp = 0.9 三种情况的食品安全事故率趋势图。

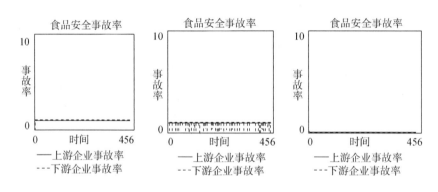

图 8 - 5　食品安全事故率收敛情况

表 8 - 3　使上下游企业事故率收敛为 0 的最低追溯率

pts	0.5	0.6	0.7	0.8	0.9	1.0
ptp	1.0	0.9	0.8	0.7	0.6	0.5

由此可得出以下推论：

推论六：当企业被成功追溯、追责后会降低食品安全事故率，无法被追溯则提升食品安全事故率以降低成本时，若使下游企业食品安全事故率收敛为 0，需要较高的向下游企业追溯的成功率 pts；若要使上游企业食品安全事故率也收敛为 0，则需要同时保证较高的食品安全追溯率 pts 与 ptp。

通过以上分析我们发现了可追溯与可追责机制影响企业生产决策与食品安全

控制的作用机制，从而揭示了在食品质量安全控制中惩罚力度与惩罚准确度相辅相成的内在逻辑。将理论模型分析与仿真模拟实验的结果相结合，可以由以上推论整理后得出如下结论。

第一，企业根据外生的追溯、追责食品安全监管政策进行生产决策的调整与应对是监管政策发生效力的基本前提，若企业不具有相关信息或对监管政策、处罚缺乏敏感度，则越高的追溯成功率与追责处罚力度越不利于企业盈利与维持存续。

第二，从企业自身角度而言，追求利润最大化是其根本目标，若从监管者视角出发则控制食品安全事故率是其最终目的。在企业可以根据追溯与追责机制进行决策的前提下，若以维持企业存续盈利为目的，则追责惩罚力度越低，追溯成功率越高，过高的惩罚力度可能导致企业来不及调整生产决策即陷入经营困境；若以激励企业降低食品安全事故率、提高食品安全程度为目标，则应尽可能提高向下游、上游企业追溯的成功率，使企业更加具有自我监管的动力。因此一味地加大惩罚力度并非根除不安全食品的良策，提高对食品安全问题追溯的成功率尤其是加强对上游企业的追溯是一种基于企业利润最大化诉求以实现产品安全控制的有效激励机制。

第三，当企业可以根据追溯、追责机制调整生产决策时，无论出于维持企业存续的目的还是为了实现控制食品安全事故率的目标，保持向上游企业追溯较高的成功率都十分重要，这也同时符合前文理论模型所得出的"保证对整个供应链可追溯完整性"的结论。

基于以上结论，我们可以进一步引申出以下几点政策建议：

第一，食品安全可追溯体系应该是一个由食品供应链从上游到下游全程可回溯的连贯体系，不能存在断裂，只有同时保证对上下游企业可追溯才能使可追溯与可追责机制发挥效用。对消费者而言，真正关心的问题是发生食品安全问题时能否向企业索赔，而非索赔对象是否为真正的问题来源。因此对于下游企业而言，如果不能保证进一步实现对上游企业的追溯，下游企业将面临代替上游企业承担追责惩罚的风险，此时，对下游企业追溯越精确，下游企业可能承担不必要损失的概率越大，因此会形成不利于下游企业生产安全食品的激励。因此，确保对整个食品供应链中所有上下游企业追溯的连续性是实现对企业有效激励的关键因素。对于食品安全监管政策的实施者而言，食品安全可追溯体系的构建要以保证全过程追溯的连贯性为第一宗旨，对原材料供应、生产、加工、流通、销售各环节严格把关，确保任一环节发生的问题都能被成功溯源。

第二，对违法企业进行追责处罚必须与可追溯配合运行。实现对危害源头的可追溯是进行追责处罚的前提条件，若无法明确食品危害真正来源而一味课以重罚，虽然会形成强大威慑，使企业因畏惧被惩处而被迫通过提升生产成本改善食品的安全程度，但会扭曲对企业的激励，导致以牺牲合法企业发展为代价换取食品安全水平的提高。当追责与追溯二者相互配合发挥作用时，将有助于对企业最终生产的食品安全程度形成正向激励。

第三，可追溯、可追责对企业形成有效激励的一个重要前提是企业对于监管政策、处罚具有一定的敏感度，了解监管政策的含义及相关法律的内容，由此可以针对法律、监管政策调整其生产决策。因此，加强食品安全信息公开不仅要针对消费者，同时也应通过宣传和教育提高企业的风险意识、法律意识。

第九章 食品药品召回冲击及其 影响因素

　　本章中笔者将对另一种食品安全监管政策工具——食品药品召回机制展开分析，食品召回主要是一种以惩罚为主的事后监管机制，通常召回机制的启动会对企业产生负面影响，在检验召回机制作用的同时，本章也关注可能影响召回的各项因素，以此为根据提出提升企业生产产品质量安全程度的政策建议。

　　作为一项常用的质量安全控制手段，食品药品召回一直以来在美国等西方国家得到普遍应用并成为重要的监管工具。尤其在面临较大规模的食品药品安全事件时，召回往往在控制事故影响范围、降低消费者所受侵害、挽回企业声誉等方面发挥重要作用。以美国肉类食品召回为例，1982～1998年肉禽类食品召回总数达479例，其中一级召回252例、二级召回189例、三级召回38例，召回总量达到1.3亿磅。相比于美国，我国食品药品召回起步较晚，2007年和2015年我国先后颁布实施《食品召回管理规定》和《食品召回管理办法》，后者已成为我国目前指导和规范食品药品召回的主要法规。根据《食品召回管理办法》，我国食品药品召回也采用三级召回机制，按照危害与紧急程度划分召回等级并规定召回期限，召回的方式主要分为企业自发召回和监管机构干预强制召回。由于《食品召回管理办法》实施年限不长，召回案例数量相对较少，但较大规模召回往往与重大食品安全事件相关联，引发社会广泛关注，因而食品药品召回这一监管工具理应得到监管者、企业乃至社会公众的更多重视。

　　有关产品召回影响的基础性文献大多围绕汽车行业的召回展开，但越来越多的学者将对产品召回的研究扩展到其他行业。依循产品召回研究文献的思路，国外学者近十年陆续展开对食品药品召回的相关研究。根据食品安全监管成本—收益框架，一部分学者主要探索食品召回对消费需求的影响，另一部分学者则关注召回是否显著导致企业成本上升和收益损失扩大，目前对食品药品召回的研究主要集中在后一领域。召回影响企业成本的内在逻辑体现为召回的施行虽然多为企业自发行为，但实质是在监管机构的监督之下执行，因此由启动召回导致的企业收益损失可视为企业面临的监管成本。由于涉及召回的食品安全事件往往社会影响较大，牵涉企业多为上市公司，因而这一领域的文献主要采用上市公司的数据展开研究，其中事件研究法是学者们普遍采用的一种实证方法。在分析食品召回成本的基础上，还有一些学者对召回冲击的影响因素进行探索。

由于我国食品药品召回的相关法规颁布时间较晚，食品药品召回经验仍较为欠缺，召回数量和规模也相对较小，因此针对食品药品召回冲击影响的实证研究较为鲜见，一些学者关于食品行业的研究可提供一些思路。

目前，食品药品召回在我国仍处于发展阶段，探索召回对企业的影响既是指导食药企业生产经营的有力手段，同时也可为监管者提供借鉴之处，因此本章的研究具有重要的现实意义。对召回事件冲击上市公司股价的研究拓展了我国食品药品监管成本分析，定义和识别召回经历刻板效应、学习效应及群体召回事件传染效应和转移效应亦有助于探索我国食品药品行业监管的特殊性，因此本章的研究还具有一定的理论意义。鉴于该领域的研究现状及研究的理论和现实意义，本章在考察 2007 年以来国内具有较大社会影响的食品药品安全事件的基础上，采用事件研究法对召回的影响（上市公司超额收益率）进行实证检验，并进一步分析累计超额收益率（CAAR）的影响因素。

本章的主要贡献体现在两个方面：一是提供一个食品安全监管成本分析的新视角，在微观数据缺乏的情况下，基于事件研究法探讨利用上市公司数据进行监管成本分析的可行性，将上市公司在召回冲击下的超额收益率视为食品召回这一事后监管手段带来的企业成本，因此可通过召回冲击度量企业获得的生产安全产品的激励；二是归类和分析召回事件冲击的影响因素，通过区分召回经历和群体召回的影响效应来识别消费者信心和上市公司面对的舆论环境。

第一节　食品召回冲击的实证研究

一、事件研究法

事件研究法（event study）主要通过对上市公司超额收益（abnormal return）的估计来反映外生事件的冲击。根据 MacKinlay（1997）的做法，超额收益可记为：

$$AR_{it} = R_{it} - E(R_{it} \mid X_t) \tag{9-1}$$

式中，AR_{it}、R_{it} 和 $E(R_{it} \mid X_t)$ 分别表示第 i 只股票在 t 天的超额收益率、实

际收益率和预期收益率。对超额收益率的估计关键在于 X_t，目前存在两种不同方法估计 X_t，分别对应不同的假设：一种假设给定股票在一段时间内收益率不变；另一种假设股票收益率与市场指数之间存在一定的线性关系，以此来估计超额收益率并称为市场模型。本章基于市场模型的假设，以上市公司股票实际收益率与市场指数的差额来测度超额收益率。在市场模型假设下，股票 i 的收益率可表示为：

$$R_{it} = \alpha_i + \beta_i R_{mt} + \varepsilon_{it} \quad E[\varepsilon_{it}] = 0 \quad Var[\varepsilon_{it}] = \sigma_\varepsilon^2 \tag{9-2}$$

式中，R_{mt} 是 t 期市场指数的日收益率，α_i 和 β_i 是系数，ε_{it} 是误差项（即超额收益率）。

为说明超额收益率的估计方法，需对窗口期进行定义。本章采用的时间间隔为天，定义事件发生日为 $t=0$，$t=T_1+1$ 到 T_2 之间为事件窗口期，$t=T_0+1$ 到 T_1 之间为估计窗口期。基于市场模型计算的超额收益率可表示为：

$$AR_{it} = R_{it} - \hat{\alpha}_i - \hat{\beta}_i R_{mt} \tag{9-3}$$

式中，$\hat{\alpha}_i$ 和 $\hat{\beta}_i$ 是在估计窗口期内按式（9-2）估计所得。然后再代入式（9-3），在事件窗口期内估计超额收益率。

用累计超额收益率（Cumulative Abnormal Return，CAR）来反映一定时间内事件冲击带来的总体影响。因此，笔者将股票 i 在 τ_1 到 τ_2 时间段内（$T_1 < \tau_1 \le \tau_2 < T_2$）的累计超额收益率定义为：

$$CAR_i(\tau_1, \tau_2) = \sum_{t=\tau_1}^{\tau_2} AR_{it} \tag{9-4}$$

进一步地，通过平均累计超额收益率 CAAR 衡量事件对 N 只股票的整体影响：

$$CAAR(\tau_1, \tau_2) = \frac{1}{N} \sum_{i=1}^{N} CAR_i(\tau_1, \tau_2) \tag{9-5}$$

我们可通过统计检验超额收益率来判断事件冲击的显著程度。对超额收益率的统计检验包括参数检验和非参数检验两大类，前者主要有 t 检验和 Patell 检验，后者主要是符号检验和秩检验。本章主要采用相互独立样本截面数据的 t 检验，并以 Patell 检验作为补充的稳健性检验。

根据 Serra（2007）的研究方法，假设上市公司超额收益率服从正态分布，t 检验统计量可表示为 $t = \overline{AR_0} / \overline{S(AR_0)}$。[①] 其中，$\overline{AR_0} = \frac{1}{N} \sum_{i=1}^{N} AR_{i0}$ 被定义为平均超额收益率，而 $\overline{S(AR_0)}$ 则是对平均超额收益率标准差的估计值。在样本间相互独立的假设下，T 期内 $\overline{S(AR_0)}$ 可表示为：

---

① 为区别第 t 期与 t 统计量，这里以第 0 期（即事件日）的超额收益率来表示。

$$S(AR_i) = \sqrt{\frac{\sum_{t=1}^{T}\left(AR_{it} - \frac{\sum_t AR_{it}}{T}\right)^2}{T-d}}$$

(9 – 6)

式中，$(T-d)$ 表示自由度。Patell 检验可看作是将超额收益率标准化后的 t 检验，目的在于经过标准化后，不同样本的超额收益率拥有相同的方差。

二、数据选择、召回事件和模型设定

本章采用的数据为沪深交易所 A 股、创业板和中小板的食品及药品类上市公司公报。股票收益率和市场指数来自国泰安数据库。选取 2007～2017 年所有食品及药品类上市公司召回作为冲击事件。通过网络搜索和查阅上市公司公告，对食品药品召回事件进行筛选，筛选时主要参考中国证监会网站、上海证券交易所和深圳证券交易所官方网站、巨潮资讯网、中国资讯行及食品伙伴网。表 9 – 1 对全部召回事件进行了整理。主要剔除以下几种情况的召回事件：①召回规模较小或上市公司未发布召回公告；②本章旨在分析国内召回政策的影响，因此国内食品及药品类企业在港股或海外上市的均未列入；③长期停牌的上市公司，避免由于过长的停牌期给估计窗口期造成较大误差；④上市时间较短，初次召回距离公司上市不足 200 天的样本；⑤同一家上市公司两次召回时间间隔不超过 200 天的召回事件，避免两次召回事件估计窗口期重叠造成的估计偏误。

表 9 – 1　食品药品上市公司发起召回事件

类别	代码	公司名称	宣布召回时间	公司公告时间	备注
沪市	600597	光明乳业	2008 年 9 月 18 日		三聚氰胺召回
沪市	600597	光明乳业	2012 年 6 月 27 日		碱水混入优倍乳
港股	02319	蒙牛乳业	2008 年 9 月 16 日	2008 年 9 月 17 日	三聚氰胺召回
沪市	600887	伊利股份	2008 年 9 月 16 日	2008 年 9 月 17 日	三聚氰胺召回
港股	01230	雅士利			三聚氰胺召回
纳斯达克	SYUT	圣元国际	2008 年 9 月 16 日	2008 年 9 月 17 日	三聚氰胺召回
中小板	002570	贝因美	2013 年 4 月 30 日		国家食品安全风险监测显示，"亨氏""贝因美""旭贝尔"品牌的 23 份以深海鱼类为主要原料的婴幼儿辅食被发现汞含量超标
沪市	600887	伊利股份	2012 年 6 月 13 日	2012 年 6 月 14 日	汞异常召回

续表

类别	代码	公司名称	宣布召回时间	公司公告时间	备注
新三板	833215	红星美羚			婴幼儿配方奶粉蛋白质超标
中小板	002216	三全食品	2011 年 11 月 22 日		"金黄色葡萄球菌事件"
新加坡主板	Z75	思念食品	2012 年 4 月 27 日		广东省工商局抽检郑州思念食品有限公司生产的"中华面点西湖棠菜猪肉包"和"猪肉煎饺"过氧化值超标
深市	000799	酒鬼酒			塑化剂事件
深市	000895	双汇发展	2011 年 3 月 17 日		"瘦肉精"事件
港股	00345	维他奶国际	2014 年 2 月 18 日		维他奶国际集团在中国香港宣布，回收约 50 万盒原味维他柠檬茶，原因是该款柠檬茶"风味与一贯有分别"，"回收不涉及内地产品"
中小板	002661	克明面业	2010 年 11 月 3 日		2010 年 7 月 10 日从河北深州深发面业有限公司发往山东济南的面条，由于所托物流公司管理不严，导致在运输途中产品疑似受到污染。11 月 2 日晚，克明面业总部从河北深州得到此信息，总经理立即赶赴济南处理此事，紧急召回七个批次的面条
沪市	600127	金健米业		2016 年 9 月 27 日	9 月 6 日金健米业控股子公司湖南金健乳业股份有限公司为湖南省怀化市沅陵县某中学提供的学生奶因运输不当导致学生饮用后出现不适

类别	代码	公司名称	宣布召回时间	公司公告时间	备注
沪市	600127	金健米业		2015 年 11 月 20 日	2015 年上半年，金健药业二车间 F 线生产的葡萄糖注射液在湖南省部分市县级医院使用时，个别患者出现不良反应。根据常德市食品药品监督管理局 2015 年 5 月 26 日下发的《湖南省食品药品行政执法文书责令改正通知书》（〔常〕食药监安责改〔2015〕9 号），金健药业对聚丙烯输液瓶 F 线自取得 GMP 证书以来生产的产品进行了主动召回
沪市	600238	海南椰岛	2015 年 8 月 1 日	2015 年 8 月 19 日	"伟哥门"，国家食药监总局通告，51 家企业在 69 种保健酒、配制酒中违法添加了西地那非（俗称"伟哥"）等化学物质
沪市	600073	上海梅林	2007 年 12 月 7 日		上海梅林食品有限公司生产的低钠午餐肉在香港被检出含有微量硝基呋喃代谢物
沪市	600479	千金药业		2017 年 1 月 17 日	红花饮品存在染色问题
沪市	603669	灵康药业	2016 年 1 月 13 日	2016 年 1 月 15 日	国家食品药品监督管理总局关于海口市制药厂有限公司等 4 家企业多批次产品不符合规定的通告
沪市	600976	健民集团		2015 年 6 月 1 日	个别批次制剂产品质量出现异常
沪市	603998	方盛制药	2015 年 5 月 19 日	2015 年 5 月 21 日	食品药品监管总局开展银杏叶药品专项治理

类别	代码	公司名称	宣布召回时间	公司公告时间	备注
深市	000078	海王生物	2015 年 5 月 28 日		食品药品监管总局开展银杏叶药品专项治理
沪市	600572	康恩贝	2015 年 5 月 28 日		食品药品监管总局开展银杏叶药品专项治理
中小板	002412	汉森制药	2015 年 5 月 27 日		食品药品监管总局开展银杏叶药品专项治理
沪市	600594	益佰制药	2015 年 5 月 29 日		食品药品监管总局开展银杏叶药品专项治理
中小板	002390	信邦制药	2015 年 5 月 29 日		食品药品监管总局开展银杏叶药品专项治理
中小板	002422	科伦药业	2015 年 5 月 29 日		食品药品监管总局开展银杏叶药品专项治理
创业板	300254	仟源医药	2015 年 5 月 19 日	2015 年 5 月 25 日	食品药品监管总局开展银杏叶药品专项治理
沪市	600557	康缘药业	2012 年 5 月 25 日	2012 年 5 月 28 日	桂枝茯苓胶囊铬含量超标
深市	000999	华润三九	2015 年 2 月 17 日	2015 年 3 月 11 日	舒血宁事件
创业板	300016	北陆药业		2016 年 1 月 5 日	"铬超标"事件
新三板	832426	灵佑药业	2015 年 12 月 31 日	2016 年 1 月 2 日	"铬超标"事件
中小板	002412	汉森制药	2016 年 1 月 4 日	2016 年 1 月 4 日	"铬超标"事件
新三板	831332	申高制药	2015 年 12 月 29 日	2015 年 12 月 30 日	"铬超标"事件
中小板	002411	九九久	2015 年 12 月 30 日	2016 年 1 月 4 日	"铬超标"事件
深市	000766	通化金马	2012 年 4 月 16 日		胶囊重金属铬含量超标,"毒胶囊"事件
深市	000766	通化金马	2012 年 5 月 28 日		胶囊铬超标
沪市	600666	奥瑞德（西南药业）	2012 年 5 月 30 日		胶囊铬超标
沪市	600789	鲁抗医药	2012 年 5 月 30 日		胶囊铬超标
沪市	600466	蓝光发展（迪康药业）	2012 年 5 月 30 日		胶囊铬超标
深市	000538	云南白药	2015 年 12 月 24 日		水分项不合格
深市	000538	云南白药	并未及时召回		胶囊铬超标
沪市	600196	复星医药	2012 年 8 月 30 日	2012 年 9 月 26 日	"炎琥宁"出现不良反应

续表

类别	代码	公司名称	宣布召回时间	公司公告时间	备注
沪市	600129	太极集团	2012年11月25日		药品不合格
沪市	600129	太极集团		2010年10月29日	曲美召回下架（主动召回）
沪市	600664	哈药股份	2011年6月11日	2011年9月2日	纯弱碱性饮用水溴酸盐项不符合标准
沪市	600276	恒瑞医药		2011年2月10日	将含右丙氧芬的药品制剂逐步撤出我国市场
港股	00460	四环医药		2010年6月21日	胸腺肽召回
沪市	600351	亚宝药业	2007年1月25日		藻酸双酯钠注射液存在质量问题

窗口期过长容易造成召回事件重叠及其他事件的交叉影响，窗口期过短则无法准确估计，因此笔者将窗口期长度设定为200天，以事件发生日为第0天，估计窗口期为−210天到−11天的时间跨度。召回事件发生日一般以公司发布公告正式发起召回为准。但依照上市公司公告及媒体报道情况，有时发起召回与公司公告时间相差较远或召回并非一次性完成，上市公司有延迟公告以降低召回事件影响之嫌，此时采用上市公司发布公告日作为事件发生日。也有上市公司多次发布澄清公告的情况，此时则以第一次公告日为事件发生日。此外，还存在个别上市公司召回日是非交易日的情况，则事件发生日为公告日后的第一个交易日。

三、估计结果分析

事件分析法衡量的事件冲击一方面反映为事件窗口期内的平均累计超额收益率，另一方面则反映为参数检验体现的超额收益率显著程度。表9−2报告了不同事件窗口期设定下的平均累计超额收益率和参数检验结果。图9−1则直观显示了几种事件窗口期设定下所有样本的平均累计超额收益率变化趋势。根据图9−1显示，平均累计超额收益率自事件日前一到两天起开始下降为负值，产生这种现象的原因之一是我国食品及药品类企业自发启动召回往往有一定的时滞性。一般来说，我国食品药品召回都是监管机构先发布抽检通告或媒体曝光，企业迫于压力而启动召回，这种召回本质上仍属于被动召回，因此到正式公告日时实际公司的收益率已开始进入下行趋势。[1] 由图9−1同样可以看出，我国食品药

---

[1] 上市公司召回公告的时滞性会造成一定程度上的估计偏误，但公告日是确定事件日的主要依据，为遵循统一的标准，本章仍以公告日作为召回事件日（$t=0$）。

品召回的影响持续时间较长，总体上召回冲击在事件日后第五日左右达到最大，此后尽管会有缓慢回升，但在事件窗口期 20 日内平均累计超额收益率仍为负值。[①] 为修正召回冲击真实产生的时间与事件日的偏差，笔者将事件窗口期的初始日分别设定为事件日前一天、事件日当天和事件日后一天，由于召回冲击持续时间较长，本章对事件窗口期的结束日分别设定 1、2、3、4、5、10、15 和 20 多个数值并进行比照。

表 9-2　平均累计超额收益率及假设的检验结果

T_2	$T_1 = -1$			$T_1 = 0$			$T_1 = 1$		
	CAAR	t 检验	Patell 检验	CAAR	t 检验	Patell 检验	CAAR	t 检验	Patell 检验
1	-0.007	(-0.862)	(-0.504)	-0.004	(-0.617)	(0.052)			
		0.390	0.615		0.538	0.959			
2	-0.016	(-1.806)	(-1.657)	-0.014	(-1.757)	(-1.331)	-0.009	(-1.460)	(-0.880)
		0.072*	0.097*		0.080*	0.183		0.146	0.379
3	-0.014	(-1.426)	(-1.690)	-0.012	(-1.322)	(-1.383)	-0.007	(-0.920)	(-0.868)
		0.155	0.091*		0.188	0.167		0.359	0.385
4	-0.014	(-1.262)	(-1.709)	-0.012	(-1.161)	(-1.437)	-0.005	(-0.637)	(-0.751)
		0.209	0.088*		0.247	0.151		0.525	0.452
5	-0.023	(-1.917)	(-2.457)	-0.021	(-1.890)	(-2.270)	-0.014	(-1.512)	(-1.737)
		0.057*	0.014**		0.060*	0.023**		0.132	0.082*
10	-0.032	(-2.029)	(-3.216)	-0.031	(-1.976)	(-3.021)	-0.022	(-1.649)	(-2.540)
		0.044**	0.001***		0.050**	0.003***		0.101	0.011**
15	-0.036	(-1.768)	(-3.279)	-0.034	(-1.727)	(-3.066)	-0.025	(-1.433)	(-2.549)
		0.079*	0.001***		0.086*	0.002***		0.153	0.011**
20	-0.030	(-1.127)	(-3.056)	-0.028	(-1.096)	(-2.870)	-0.019	(-0.827)	(-2.261)
		0.261	0.002***		0.275	0.004***		0.409	0.024**

注：CAAR 一列表示所有上市公司的平均累计超额收益率，表中报告了 t 检验和 Patell 检验的 P 值，括号中为检验统计量的取值；*、**和***分别表示单侧 P 值显示在 10%、5% 和 1% 的水平上显著。

具体而言，设定事件窗口期为 $T = -1$ 时，事件日后第 2 日、第 5 日及第 5 日后 CAAR 均同时通过 t 检验和 Patell 检验，召回事件冲击显著；设定事件窗口

①　根据 Pozo 和 Schroeder（2016）的研究，美国肉类食品上市公司召回后约 15 日平均累计超额收益率可阶段性回升至 0 以上。

期为 $T=0$ 时，事件日后第2日 CAAR 在 t 检验下显著，事件日后第5日及第5日后 CAAR 均通过双参数检验；设定事件窗口期为 $T=1$ 时，CAAR 仅在事件日后第5日及第5日后通过 Patel 检验。由表9-2可看出，即便上市公司超额收益率下降至0以下早于事件日就已开始，但从统计意义上召回事件的冲击一般是在事件日后第5日才开始逐渐显著。平均累计超额收益率自事件日后第1日开始呈逐渐下降的趋势，到事件日后第15日达到最低值，第20日已缓慢回升。因此，就召回事件的冲击分析，可得出以下的基本结论：我国食品药品召回对上市公司超额收益率造成显著冲击，超额收益率对召回冲击的反应具有一定的延时性，体现为尽管超额收益率自事件日之前即为负，但在统计学意义上一般自事件日后第5日起召回冲击显著，且召回冲击持续时间较长，即我国食品药品召回冲击具有反应延迟、冲击持久的特征。

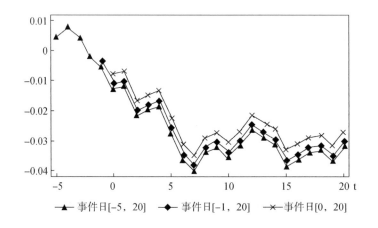

图9-1　平均累计超额收益率 CAAR

第二节　超额收益率的影响因素分析

一、研究模型、变量设置和数据来源

在估计召回事件冲击的基础上，笔者将进一步分析上市公司平均累计超额收益率（召回事件的影响程度）的影响因素。超额收益率影响因素分析采用的数据为事件窗口期内的面板数据，本章选取的影响因素解释变量多为不随时间改变的特征变量，如果采用以组内估计量进行估计的固定效应面板数据模型，将导致不随时间改变的变量由于多重共线性问题而在回归中被删除，但 Hausman 检验结果并不支持随机效应模型。因此，参考 Pozo 和 Schroeder（2016）的做法，笔者最终采用混合 OLS 的回归方法。具体的模型设定如下：

$$GAR_{it} = \theta_0 + \theta_1 X_{1it} + \cdots + \theta_j X_{kit} + \theta_{j+1} X_{1i} + \cdots + \theta_j + kX_{ki} + \varepsilon_{it} \qquad (9-7)$$

被解释变量累计超额收益率采用事件窗口期［+1，+20］计算所得。参考相关文献，笔者将解释变量划分为召回特征和企业特征两大类，前者刻画了与召回事件相关的变量（即外部冲击变量），后者则是与上市公司经营相关的企业财务指标变量，其中召回特征变量为不随时间改变的变量。

召回事件及企业召回行为的特征直接影响上市公司所受召回冲击，体现召回特征的变量主要包括：

第一，召回规模。由于我国缺乏系统的食品药品召回数据库，大部分召回事件的召回数量及金额均未公开。在查阅所有启动召回的食品及药品类上市公司公告后，笔者将召回规模设置为三档：一是极小，召回金额不足公司年销售收入的0.1%；二是较小，召回金额超过上市公司年销售收入的0.1%、但不足1%；三是较大，召回金额超过上市公司年销售收入的1%。基于以上设定，召回规模设置为类别变量，取值分别为1、2和3。假设召回规模越大，则对上市公司影响越大，因此该变量系数应为负。

第二，媒体报道。该变量用来衡量媒体对召回事件的关注程度，以间接刻画召回事件的社会影响。本章采用召回事件发生10日内网络媒体对该上市公司召回的报道数量来反映媒体关注程度，搜索关键词为该上市公司股票名称及"召回"。根据 Tetlock（2007）的研究，大量的媒体负面报道会造成股价下跌，因此假设媒体报道对该变量系数取值为负。关于该变量，仍需作以下几点补充说明：一是由于食品相对于药品而言更加贴近生活，消费者对其关注度更高，食品类上市公司召回的媒体关注度明显高于药品类上市公司，笔者针对此设定媒体关注与企业类型的交叉项；二是在收集数据过程中，笔者发现对群体性召回事件可能存在企业之间的媒体关注转移现象，如2008年"三聚氰胺"事件发生时媒体关注过度集中于三鹿集团，而对其他乳制品上市公司的报道并不很多，类似情况可能导致出现估计偏误，因此笔者补充设定媒体报道与群体召回的交叉项。

第三，召回经历。该变量为虚拟变量，衡量上市公司在本次召回事件前是否有过召回经历，取值1表示曾有召回经历，取值0表示无召回经历。为解释召回经历这一变量的系数，本章进一步定义召回经历影响累计超额收益率的效应。召回经历反映上市公司的内部效应，具体可划分为刻板效应和学习效应。刻板效应体现为之前有过召回经历的上市公司受到本次召回事件的冲击更大（变量系数为负），其原因在于企业缺乏改善产品质量的激励，导致投资者和消费者对企业产品质量安全控制信心不足，多次召回加深了社会公众对企业的负面印象。学习效应体现为之前有过召回经历的上市公司受到本次召回事件的冲击较小（变量系数为正），说明企业因过去召回事件增强了应对能力，消费者对企业具有较强信心，相信企业能应对和消解召回事件带来的负面影响。

第四，群体召回。即在事件日后 10 日内是否有同行业上市公司（包括在海外上市）发生召回事件。近十年来，我国发生的群体性食品药品召回事件主要包括"三聚氰胺"乳制品事件和银杏叶药品专项治理等。该变量为虚拟变量，取值 1 表示 10 日内有其他召回事件，取值 0 表示无其他召回事件。同时，本章也定义群体召回的影响效应，该变量反映了一种外部效应，具体可划分为传染效应和转移效应。传染效应体现为 10 日内有其他同行业上市公司因同一事件发起召回，则该公司受到的冲击更大（变量系数为负）。转移效应则体现为同一召回事件波及多家上市公司，但因为其中一两家上市公司受到的社会关注度较高，从而转移社会公众对其他同行业上市公司的关注（变量系数为正）。

第五，是否子公司。该变量为虚拟变量，主要刻画启动召回程序的公司是否为上市公司子公司。若发布召回的为上市公司母公司，则取值为 0，否则取值为 1。假设启动召回程序的为上市公司子公司，则召回事件对上市公司的冲击相应较小，即该变量系数为正。

第六，多样化经营。发生召回时，若食品和药品为该公司主营项目，则取值为 0，否则取值为 1。假设多样化经营的上市公司受到召回事件冲击较小，则该变量系数应为正。

此外，需要说明的是，由于我国召回管理办法颁布施行的时间较晚，没有公开的召回数据库，根据上市公司召回公告也无法获得召回等级信息，因此召回特征变量中并未包含召回等级（即危害严重程度）。

公司特征变量包括：一是事件日超额收益率，即 $T=0$ 事件日当天的超额收益率 AR_{i0}，它反映企业面临的初始冲击，为避免内生性问题，作为被解释变量的累计超额收益率是从事件日后一天（即 $T=1$）开始计算的；二是交易量，采用流通股比例（即交易日当天该上市公司股票流通股市值占总市值的比例）来衡量上市公司的交易量，假设上市公司交易量越大，其受冲击的程度相应越低，因此该变量系数应为正；三是国有股比例，即国有股占总股本的比例，以反映上市公司的资本结构，假设国有持股比例越高的上市公司在面临食品药品安全危机时抵御冲击和化解社会舆论压力的能力越强，则召回事件的冲击就越小，因此该变量系数应为正。

公司特征变量数据均来源于国泰安数据库，召回特征变量数据均系自行检索和查阅上市公司公告后整理所得。包括以上变量在内的解释变量和被解释变量（累计超额收益率）的描述性统计如表9－3所示。

表9－3 变量的描述性统计

变量	均值	中位数	标准差	最大值	最小值
累计超额收益率	－0.010（－0.040）	－0.020（－0.020）	0.220（0.220）	0.750（0.570）	－0.760（－0.620）
国有股比例	0.050（0.040）	0.000（0.000）	0.110（0.110）	0.640（0.510）	0.000（0.000）
交易量	0.810（0.840）	0.900（0.970）	0.230（0.200）	1.000（1.000）	0.100（0.300）
事件日超额收益率	－0.010	0.000	0.0300	0.0800	－0.0600
召回规模	1.450	1.000	0.720	3.000	1.000
媒体报道	266.6	188	234.6	756	19
是否子公司	0.380	0.000	0.490	1.000	0.000
多样化经营	0.240	0.000	0.430	1.000	0.000
召回经历	0.210	0.000	0.410	1.000	0.000
群体召回	0.620	1.000	0.490	1.000	0.000

注：括号内为该变量在事件日后20日的相应统计量取值。

二、估计结果及分析

笔者首先将召回规模、媒体报道、召回经历、群体召回、国有股比例、交易量和事件日收益率等变量设置为基础模型变量，再以增加变量的形式逐步对三个模型进行回归，以增强模型的稳健性。如前文所述，考虑到媒体报道这一变量的特殊性及可能造成的估计偏误，笔者又加入媒体报道与企业类型（食品类或药品类企业）、媒体报道与群体召回的交叉项，估计结果如表9－4所示。

表9－4 召回冲击影响因素的回归结果（N＝580）

变量	模型1	模型2	模型3	模型4
召回规模	－0.105＊＊＊（－7.989）	－0.105＊＊＊（－7.978）	－0.100＊＊＊（－7.286）	－0.125＊＊＊（－8.553）
媒体报道	0.000＊＊（2.522）	0.000＊＊（2.363）	0.000（1.623）	0.000＊＊＊（3.401）
召回经历	－0.062＊＊＊（－2.804）	－0.062＊＊＊（－2.811）	－0.053＊＊（－2.355）	－0.068＊＊＊（－2.859）
群体召回	0.171＊＊＊（7.338）	0.172＊＊＊（7.216）	0.150＊＊＊（5.260）	0.256＊＊＊（7.201）
国有股比例	0.301＊＊＊（2.763）	0.297＊＊＊（2.708）	0.343＊＊＊（3.005）	0.331＊＊＊（3.044）
交易量	0.337＊＊＊（5.839）	0.332＊＊＊（5.490）	0.360＊＊＊（5.671）	0.324＊＊＊（5.558）

续表

变量	模型1	模型2	模型3	模型4
事件日超额收益率	−0.953***（−2.991）	−0.945***（−2.949）	−0.939***（−2.933）	−0.978***（−3.042）
是否子公司		0.005（0.247）	−0.005（−0.244）	
多样化经营			−0.040（−1.437）	
媒体报道×企业类型				0.000（0.221）
媒体报道×群体召回				−0.000***（−3.165）
常数项	−0.311***（−4.464）	−0.311***（−4.463）	−0.310***（−4.453）	−0.308***（−4.439）
R^2	0.241	0.241	0.244	0.255
调整后的 R^2	0.232	0.231	0.232	0.243
F值	25.956	22.682	20.429	21.627

注：*、**和***分别表示在10%、5%和1%的水平上显著。

召回规模在五个模型中均与累计超额收益率显著相关且系数为负，验证了前文假设，即召回规模越大，上市公司受到的冲击越明显。这一结果基本符合我们对召回事件的直觉判断，即更大的召回规模直接增加企业成本。交易量与累计超额收益率显著相关且系数为正，其原因是交易量越大，企业的规模越大，抵御风险的能力也相对更强，因而受到外生召回事件的冲击也越小。

媒体报道与累计超额收益率也显著相关，但系数极小且为正，这与笔者之前的假设相悖，即更多的媒体报道并未导致企业收益进一步下降。其原因可能是媒体关于召回事件的报道仅对知名企业具有明显的负面效应。在模型中同时引入媒体报道与企业类型、群体召回的交叉项，发现前者并不显著，说明媒体报道对召回冲击的影响并不存在显著的行业差异；后者系数显著为负，说明媒体关注转移现象确实存在。当发生大型群体召回事件时，媒体关注度集中于某一家企业，其他同行业竞争企业反而因此获得收益。这一结论对媒体报道及群体召回的影响分析是一个有力补充。

国有股比例与累计超额收益率显著相关且系数为正，这进一步印证了之前的假设，即在我国食品药品行业，国有股比例越高的上市公司，其化解召回危机的能力相对越强。事件日超额收益率也即召回初始冲击显著负相关（仅在模型4中不显著）。启动召回程序的是否为上市公司子公司对累计超额收益率的影响并不显著，食品或药品经营是否为上市公司主营业务对累计超额收益率的影响为负、但在模型3中不显著。

由表9-4可以看出，上市公司是否有召回经历与累计超额收益率呈显著负相关（只有模型4中系数为正，但并不显著）。由此可从实证分析结果发现，上市公司召回经历的影响在我国主要体现为刻板效应，即消费者信心不足，重复出现的召回事件进一步加剧对企业的负面影响。而Pozo和Schroeder（2016）采用美国食品或药品类上市公司数据研究发现，是否有过召回经历与累计超额收益率呈正相关，说明召回经历的影响在美国更多体现为学习效应。

群体召回与累计超额收益率呈显著正相关。根据前文变量设置中对群体召回效应的假设，我国食品药品行业上市公司群体召回的效应体现为转移效应，由于转移效应与媒体对召回事件的报道亦相关，故本章设置媒体报道与群体召回的交叉项。实证分析的结果表明，在我国食品药品召回的群体性事件配合媒体报道往往发挥了转移公众视线的作用，使社会公众的关注度过分集中于事件始发企业或其中知名度相对最高的企业，从而其他企业规避了召回冲击，媒体监督未能发挥应有的作用。

本章首先对我国食品药品行业上市公司受到召回事件冲击的程度进行估计。研究结果发现，尽管多数上市公司在召回事件日之前已开始进入股价下跌阶段，但总体而言召回事件对上市公司的影响具有一定的滞后性，召回事件的影响相对较为持久。同时，实证检验召回事件冲击程度的影响因素后发现，召回规模越大，上市公司面对的冲击越明显；流通股比例和国有股比例较大的上市公司，其抵御外生冲击的能力更强，而媒体报道在我国仍未能发挥充分的监督作用。上市公司召回经历与群体召回事件对召回冲击的影响较为复杂，食品或药品类上市公司的召回经历呈现刻板效应，即由于企业缺乏提升产品质量安全水平的激励和消费者信心不足，累次召回不断扩大了企业的负面影响。群体召回事件的影响体现为转移效应，即由于一次群体召回事件中某一两家上市公司吸引了更多关注，从而缓解了同行业其他上市公司受到的冲击。召回经历的刻板效应与群体召回的转移效应可能会相互助推。

本章的研究结论具有一定的监管意义。上市公司股价的变动反映投资者的风险预期，潜在体现为投资者或消费者信心，而媒体报道对投资者预期和消费者信心产生直接影响。目前来看，媒体有时在召回事件中反而助推了转移效应，因此媒体的舆论监督作用仍有待进一步加强，监管机构也应有意识地联合媒体对消费者进行正确引导。结合相关文献和本章的研究结论发现，美国等发达国家召回经历对召回冲击的影响已进入学习效应阶段，食品或药品类企业自发通过加强产品质量管控维持声誉，召回的主要意义在于帮助企业发现问题，进而由企业自主解决问题。但我国食品或药品类企业召回经历仍体现为刻板效应，因此只有加强企业学习能力，通过召回激励企业加强产品质量管控，树立和积累良好的企业声誉，才能形成监管机构外部监督、企业自发应对召回危机、消费者信心持续改善的良性循环。对企业而言，由于召回事件对公司股价的冲击较明显且持续时间较长，企业对产品的质量控制应给予足够的重视，并在产品出现质量安全问题时尽早主动发起召回。但一次性召回只是基本的事后危机处理，切实改善产品质量才能为企业带来永久性红利，这也是我国食品药品监管机构应积极引导的正确方向。

第十章　我国食品安全多元主体合作治理框架构建

尽管通过第六章的分析我们明确了食品安全监管体制进行大部制改革在方向上的正确性，并指出在一定程度上维持监管机构之间的监督和制衡有助于限制规制俘获现象的发生，但是同样应该认识到，食品安全本身是一个牵涉广泛的社会问题，单纯依靠政府监管机构的力量难以完全保证全面有效地进行食品安全监管。通过第七章的分析，笔者将食品安全监管界定为包括政府监管机构、企业和消费者在内的多方利益相关主体相互博弈的过程，进而将影响食品安全监管效果的因素由监管机构扩展到多元主体。我国食品安全监管改革与监管效果的改善，不仅需要依靠政府监管机构发挥主导作用，同时需要企业、消费者、社会组织共同发挥作用。目前，加强社会共治已经成为学界普遍认可的食品安全监管的发展方向。新《食品安全法》第三条提出："食品安全工作实行预防为主、风险管理、全程控制、社会共治，建立科学、严格的监督管理制度。"党的十九大报告亦指出："加强社会治理制度建设，完善党委领导、政府负责、社会协同、公众参与、法治保障的社会治理体制。"本章将立足前文，通过构建包括政府监管机构、企业、消费者以及社会组织在内的多元主体合作治理框架来为我国加强食品安全监管、改善监管效果提供进一步的制度保障。

第一节　食品安全社会共治的理论和现实背景

外部性是食品安全问题的另一个重要特征。食品安全的外部性、公共性不仅决定了监管者、企业、消费者成为影响食品安全监管的重要力量，更决定了食品安全治理机制是一个包含政府监管、市场自我治理和社会自愿治理在内的有机统一的复合机制。因而传统意义上的政府监管机构作为食品安全监管的单一主体在改进监管效果的现实需求下，理应拓展为包含多元主体相互合作、共同参与的食品安全治理。合理的食品安全治理机制应该是一种有助于激发监管者、企业、消费者之间相互合作的制度安排，食品安全监管效果的改善则有赖于三者之间乃至更多主体共同参与形成良性互动关系。

食品安全社会共治的呼声最早由国外提起，起初多数发达国家的食品安全监管重心集中在通过强制性法律法规和技术标准来规范企业生产，随着 20 世纪末集中爆发的几次大规模食品安全危机如疯牛病（Bovine Spongiform Enceohalopa-thy，BSE）、沙门氏菌中毒事件等，社会公众对于政府单方面的食品安全治理能力开始产生质疑，面对来自公众与媒体的压力，这些发达国家政府开始努力寻求新的途径以增强食品安全治理能力。在国外，其他领域的大量社会实践已经证实，引入社会多元主体的力量对于解决公共治理领域的问题卓有成效，可以同时解决治理资源有限和财政预算不足等问题。在食品供应日趋国际化的当下，引入企业、行业协会甚至是媒体和消费者等社会力量，对于食品安全治理能力的提升具有重要作用。

在多元化社会发展格局中，我国传统的以政府为单一治理主体的食品安全监管也面临着诸多困境，已不能满足现代社会对食品安全治理的需求。具体表现为：一是政府在行使权力上具有垄断地位，所采取的监管方式缺乏可替代性，缺少社会多元主体的参与；二是食品安全监管机构权力分散，缺乏综合协调，监管方式成为制度惯性难以改变；三是监管中缺乏有效制约机制，监管目标难以实现。由于政府的行政垄断性、多元主体责任缺失、监管方式单一落后、监管权力分散以及制约机制缺乏等问题使得食品安全监管的供给与市场机制难以兼容，政府监管效果不够理想。因此，重构监管治理结构成为提升食品安全监管效果、解决我国食品安全监管问题的关键环节。根据当前食品安全监管治理结构的内在缺陷与现实冲突，本书认为，重构食品安全监管治理结构的本质就是改变政府在食品安全监管领域中的垄断主导地位，鼓励和支持食品生产加工企业、与食品相关的社会层面主体（包括行业协会、新闻媒体等）以及消费者群体积极参与监管，最终形成政府主导、企业自律、消费者参与、社会协同（包括行业协会、新闻媒体等）的"四位一体"食品安全监管治理框架。

形成多元主体合作治理框架的前提在于转变政府监管机构的职能，由食品安全监管中唯一主导者变为多主体治理的"掌舵人"。多元主体合作治理框架的核心理念在于多元主体相互制衡以及多主体之间的协商、对话、沟通机制。前者源于多中心治理理论，后者则主要来源于合作治理理论。在这一治理框架中，各个独立的行为主体相互博弈、互相调适、共同参与合作，形成共同分担食品安全监管责任的机制，以最终改善食品安全监管效果。

第二节　食品安全社会共治的内涵与逻辑

一、治理与食品安全社会共治的内涵

20 世纪末，西方国家在政府治理能力不足、效率低下的背景下，强调多元主体形成互动合作网络的社会治理理论逐渐兴起。关于治理的概念，学界存在一些认识上的差异。

全球治理委员会（Commission on Global Governance，CGG）对治理的定义强调了治理主体的构成，认为治理是各类公共或者私人机构管理共同事务的方式的总和，是协调各方利益并采取联合行动的过程，其中包括正式与非正式的制度安排，即有权迫使人们服从的正式制度以及各种人们同意或符合其利益的非正式制度安排。Mueller（1981）则从治理目标角度定义，认为治理旨在推动社会整合与相互认同，其中包括掌控战略方向、协调社会经济与文化环境、有效利用社会资源、防止负外部性等因素。

此后，Stoker（1998）基于前人的理论对治理的概念和内涵进行了总结，认为治理的内涵包括以下五个方面：第一，治理的行为者包括政府但同时不仅限于政府的社会机构和个体行为者；第二，治理在为社会经济问题寻求解决方案的过程中同时存在界限与责任的模糊性问题；第三，治理肯定了涉及集体行为的各个社会公共机构之间存在权力依赖；第四，治理中参与者将最终形成一个自主网络；第五，治理不仅限于政府的命令与权威。

总体而言，治理的内涵是多元的。其主体包括政府、社会组织、社区以及个人；其目标包括社会公正、生态可持续性、政治参与、经济有效性、协调群体利益、防止负的外部性等，最终目的是社会福利最大化；其基本职能包括计划组织、领导和控制；其形式可以包括法治、德治、自治和共治等。

有关社会共治的定义与内涵，学界一般认为是建立在传统政府监管基础之上的社会自治，是二者的相互结合。2000 年英国的《通信法案 2003》（*Communication Act* 2003）将社会共治视为社会治理中政府与企业之间的一种合作形式。Eijlander（2005）认为社会共治是在社会治理过程中政府与非政府力量之间通过协调合作来解决问题的特定混合方法。

若将社会共治进一步扩展至食品安全监管领域，Fearne 和 Martinez（2005）较早探索食品安全监管领域的合作治理，认为食品安全社会共治是在确保食品供

应链中所有相关方都能从提升治理效率中获益的前提下，监管者政府与被监管企业合作构建的有效系统，以保障消费者的健康免受食品安全风险的侵害。Rouviere 和 Caswell（2012）将食品安全社会共治中的各方主体具体化为政府、企业、消费者、选民、非政府组织以及其他利益相关主体。

二、食品安全社会共治的内在逻辑

传统的规制理论与公共管理理论认为，政府进行监管参与市场运行的内在动力是市场失灵，而政府监管也可能存在政府失灵。公共治理理论则突破了这种政府与市场的两分法，认为政府与市场的双失灵客观存在，因此必须引入第三方治理，并且主张政府、市场和第三方之间应处于平等的地位。

在公共治理理论的视野中，食品安全社会共治产生的内在逻辑也源于食品本身的特殊属性。一方面，食品虽然是个体消费品，但食品安全具有公共物品属性，群体的食品安全问题不仅对消费者健康造成危害，同时还会影响社会和政治稳定。因此站在社会公共治理的角度，食品安全同时具有效用的不可分割性、消费者的非竞争性和收益的非排他性，是一种典型的公共物品。为了保障公共物品的供给，必须要有政府主体的参与，因此在食品安全社会共治中政府的角色必不可少。另一方面，食品作为一种普通消费品，又具有特殊的信任品属性，即购买后一段时间也无法获得其质量与安全信息，由此导致的企业与消费者之间对食品质量安全属性的信息不对称被认为是需要对食品安全进行监管的主要内因，这使得食品与一般商品不同，不能完全依靠市场机制来解决其生产供给问题。站在食品的信任品属性角度来看，若能在食品安全治理中充分发挥企业的作用，引导企业自我规制，将起到极大的功效。现实中，食品安全问题层出不穷，包括西方发达国家在内的各国政府也逐渐意识到由于食品安全问题本身具有的社会性、技术性、复杂性，单一政府主体无法全部承担食品安全治理的职责，需要引入社会力量的共同参与。

Rouviere 和 Caswell（2012）在文献中构建了食品安全社会共治的分析框架（见图 10 - 1），他们认为食品安全社会共治相比传统的单一主体政府治理具有以下优势：第一，由事后监管变为事前治理，由惩罚为主变为预防为主，传统的事后监管模式较为依赖事后的随机抽检，然后对企业的违法行为进行严厉惩处，以威慑其后续不再发生违法行为，而食品安全共治则更加强调集合各方力量，采取激励手段引导企业遵守法律和标准，从而大大降低了治理成本；第二，变被动为主动，这不仅是对于企业本身，而且对于消费者来说也将从被动地受到非法侵害后寻求利益维护转变为主动地参与到食品安全治理中，避免发生食品安全风险侵害生命安全；第三，充分发挥各方面的信息、资源优势，政府的力量虽然强大，但社会组织同时也具备特殊的优势，如企业自身与行业组织显然对产品本身的质量情况与特性具有更多的信息优势，社会共治的目标在于建立一个使企业充分披露自身生产产品质量信息的激励机制。

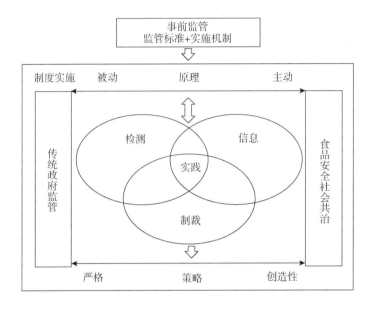

图 10 - 1　食品安全社会共治分析框架

第三节　食品安全社会共治的多个维度

一、政府主导

Martinez 等（2007）根据政府在食品安全治理中的介入程度将政府参与治理行为划分为六个层次（见图 10 - 2）。根据 Martinez 等（2007）的划分，社会共治应属于第三层次的政府介入程度。

在传统的食品安全监管中，政府以出台法律法规、制定标准以及事后惩处等方式行使监管职能。尽管在食品安全事件频发的当下，单纯依靠政府的力量越来越难以满足监管需求，然而在食品安全社会共治中政府仍发挥着主导作用。政府的主导作用一方面体现在政府监管机构仍是监管的主要力量，另一方面则体现在政府本身为食品安全监管提供制度保障和政策支持。作为政策架构的提供者，政府在食品安全监管领域所提供的政策支持应由传统的强制性行政命令转变为强制性监管法律法规政策与市场引导性政策和参与性政策相结合。

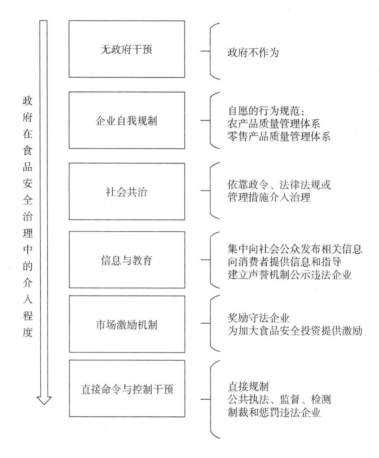

图 10 - 2　政府在食品安全治理中的介入程度

1. 推进政府机构改革，完善食品安全监管体制

食品安全监管体制改革是从政府角度重构食品安全治理结构，改善食品安全监管效果的出发点和关键所在。前文中详细论述了我国食品安全监管体制改革的方向与合理路径。从国际经验来看，提升食品安全监管领域各部门间的协调性是食品安全管理体制改革的核心，发达国家食品安全监管逐渐由多部门分工趋于单一部门为主监管，将分散于各部门的食品安全监管职能整合，统一于一个独立的综合协调性监管机构。因此，基于前文的理论分析，结合国际经验和我国实际情况，在现有的部门框架下，将食品安全监管职能赋予某一个专门部门，并对其他

部门的相关执法资源进行调配以充实和完善其执法能力，从而形成以一个监管部门为主、其他部门协同配合的统一协调的监管体系，是当前我国食品安全监管体制改革的方向。经过食品安全监管的大部制改革，我国已经初步形成了以国家食品药品监督管理总局为主的食品安全监管体系。

尽管中央层面的食品安全监管大部制改革已经启动，然而地方层面的监管体制改革仍需要在较长的一段时间内不断地推进和完善。针对我国食品工业中小型企业较多、生产经营活动复杂、食品地域特点多样等现状，还应在监管部门内部设立不同的分属机构，并尽可能地由省级部门直接进行垂直管理。进一步强化地方政府的食品安全责任，充分发挥地方政府在本地区的综合协调优势，保留其对本地区及具有当地特色的食品企业进行监督管理的权利，从而形成条块结合的食品安全监管体系。

同时，针对目前食品安全监管基层力量薄弱、人员不足、装备落后等问题，应强化基层监管执法力量，推进食品安全工作重心下移和力量配置下移。加大基层监管能力建设的政策支持和经费投入力度，切实保障其监管技术装备、检测设备和经费的投入。全面推行基层食品安全网格化监管，形成分区划片、包干负责的食品安全监督工作责任网，确保基层监管无盲区。

2. 完善食品安全相关法律法规

食品安全政策及法律法规是政府进行制度供给、保障公共利益的重要方面。首先，对现有的相关法律进行整合。按照从农田到餐桌的监管全过程，对现行监管法律法规空白区域进行梳理，整合监管链，明确执法主体。配合大部制监管体制改革，修订整合现有的"部门法"，明确占据主导地位的部门，从而实现从农田到餐桌的全过程管理。

其次，完善配套相关法律法规。尽管《食品安全法》已出台多年，但与之相配套的法律法规却相对滞后，因此需要调整现有法律法规，以满足当前食品安全监管的需要。如在行政规章方面，出台和完善保健食品监管、食品生产许可等方面的法律法规。同时，尽快完备《食品安全法》在食品标签方面的操作性规范，给食品生产加工企业正确而全面的指导。由于我国食品工业的一个重要特点是大量生产加工小作坊林立，对于这些食品生产加工小作坊和食品摊贩，地方政府应根据《食品安全法》的有关规定，结合地域特点出台本区域的相关地方性法规，以保障本地区食品安全。

3. 规范食品安全标准体系

食品标准化是保障食品安全的基础，全面具体的标准是界定食品安全性的重要前提，作为决定食品安全与否的临界点，标准制度的建设至关重要。在规范食品安全标准体系方面：第一，改革和完善标准管理体系。参照《国际食品法典》，根据"卫生和植物检疫措施实施协定"（SPS协定），建立符合国际通行原则的食品安全标准体系，加强对农药、兽药、生物激素、有害重金属元素、有害微生物等检验方法的标准研究，对食品供应链进行全过程控制和管理，把标准和规范落实到食品产业链的每一个环节。第二，统一食品安全标准。食品安全标准作为强制执行标准，分为国家标准和地方标准，对于没有国家标准的食品门类，可以制定地方标准。除统一食品安全标准外，不得制定其他有关食品的强制性标准。食品安全标准具体应当包括下列内容：①对食品、食品相关产品中的致病性微生物、农药残留、兽药残留、污染物质、重金属以及其他危害人体健康物质的限量规定；②食品添加剂的品种、用量、使用范围；③专供婴幼儿的主辅食品的营养成分要求；④对与食品安全有关的标签、标识、说明书的要求；⑤与食品安全有关的质量要求；⑥食品生产加工经营过程的卫生要求；⑦食品检验方法与规程；⑧其他需要制定为食品安全标准的内容。

4. 严格食品安全的市场准入制度

食品安全市场准入制度作为一种政府监管机构对食品市场的干预机制同样不可或缺，通过严格市场准入制度在加强质量监督控制的同时，可以保障市场机制在一定范围内充分发挥作用。

第一，完善食品市场准入的法规、标准体系。尽快制定《食品质量安全市场准入管理条例》，以法规方式明确市场准入的条件、主体、程序等，进一步完善食品市场准入标准，加强食品安全的控制。

第二，提高市场准入检测水平。针对目前在实施市场准入中存在的检测机构不健全、检验项目单一以及检测手段落后等问题，首先，在机构设置上健全食品检测专门机构，引进高技术检测手段，提高检测的精确度；其次，加强对相关检验人员的培训，分期分批培训检验人员，提高检验人员的业务水平；最后，扩大市场准入检测的对象和检测项目范围，引进检测的高端设备和高新技术，改变以往市场准入检测只能检测食品中高毒高残留农药（如甲胺磷等），而对人体健康影响较大的项目（如蔬菜中的亚硝酸盐）无法进行检测的局面。

第三，扩大市场准入的覆盖范围。对尚未进行市场准入管理的食品，政府应给予资金和技术方面的支持，提高其实施食品市场准入管理的硬件和软件条件，并对市场管理人员进行市场准入相关知识的培训，使之尽快具备实施市场准入管理的条件。

5. 加大对食品企业的管理强度和处罚力度

加大对食品生产加工企业的管理强度和对违规违法企业的处罚力度，是保证企业自觉遵守监管、生产安全食品的重要前提。在我国，出口导向的食品企业对食品安全的自我规制高于非出口导向的食品企业，出口型企业与国内同行业相比，自我规制的意识更强。究其原因，是发达国家有严格的食品安全标准，出口食品企业为了能够进入发达国家市场而不得不采取自我规制行为，以使产品达到进口国标准。相比国外发达国家，食品生产加工企业所面临的国内食品安全监管力度相对较弱，产品安全标准和基于食品安全的生产技术都缺乏相应的规范，对违规食品企业的处罚力度不够。此外，我国市场体系尚不完善，一些中小型食品企业的社会责任意识淡薄，片面追求利益最大化，除非有足够强的外界压力和惩罚机制，否则其难以主动采取食品安全控制行为，进行自我规制。因此，在食品安全问题上，要促进中小企业做出自我规制的相应努力，不仅需要加大监管的覆盖面、提高监管强度，同时需要政府加强对食品企业的宣传教育，加大处罚力度，提高食品企业的违法成本，迫使食品企业进行自我规制。

6. 主动构建与企业、社会公众的良好合作关系

在食品安全社会共治中，政府作为核心力量有义务主动加强与企业、社会组织、消费者等主体之间的合作关系，广泛吸收多方力量，改变以部门为本位的固有形象，通过信息公开、资源共享等一系列方式增强社会对政府的信任，并通过教育、培训等方式提升企业的自我治理能力，提升消费者的基本素质和食品安全意识，营造良好的社会共治环境。

二、企业自律

作为食品生产与加工的主体，企业的行为直接决定食品的质量安全水平，理性人的经济学假设决定了企业出于逐利的动机会通过权衡降低食品安全水平所节约的成本与违法的惩罚成本，来进行生产决策。为了实现企业自律，需要提供一个良性的外部激励机制。

强调在食品安全监管中通过企业自律与自我规制改善监管效果源于合作规制即社会共治理念（Co - regulation）的提出。Martinez 等（2007）提出了在食品安全监管领域公共部门（政府）与私人部门（主要是企业）进行合作规制的思路。合作规制方式被概括为两种，即"自上而下"（top - down）和"自下而上"（bottom - up）。前者强调公共部门发挥作用核心作用，由公共部门制定监管法律框架，并为企业指定监管任务，赋予其一定的监管权力；后者则主要发挥企业的自我规制作用，政府等公共部门仅限于为企业提供一些法律、政策支持以及补贴，"自下而上"的合作规制中并不存在政府的强制性监管。

施行合作规制需要综合考量形成合作规制的前提条件、主要的收益和潜在的挑战。Martinez 和 Verbruggen（2013）讨论了形成合作规制的先决条件，即制度环境、企业的自我监管能力、公共部门与私人部门共同参与、信息透明度、共同和私人利益的协调。同时 Yapp 和 Fairman（2006）也指出，食品安全监管法律激

励性不足、企业对食品安全监管缺乏信任以及企业缺乏对食品安全重要性的足够认知等都是影响企业遵守监管的潜在因素。合作规制带来的主要收益包括有助于降低企业遵守监管成本，以及充分发挥企业本身的信息优势实施良好的过程监控；可能带来的挑战包括潜在的规制俘获可能，以及加剧监管过程中的不平等性，这是由于加大企业一方的力量从而导致消费者力量相对被削弱。

我国食品安全监管目前仍处于政府主导的阶段，政府监管机构在监管中发挥主导地位，但目前单纯依靠政府监管机构力量已不足以保证食品安全监管的有效性。食品生产加工企业作为传统监管模式中被监管的一方，也应通过加强自律并在监管机构的引导下逐步实现自我规制。结合我国当前的制度环境、企业的自我监管能力等因素，当前较为适宜的合作规制模式应为"自上而下"模式。针对我国食品安全监管现状以及实施合作规制的先决条件和制约因素，本书提出从以下几个方面加强企业自律和自我规制。

1. 依靠企业声誉与社会责任意识加强自我规制

有关企业声誉的理论指出，存在信息不对称的情况下，企业声誉是消费者对企业类型的一种可以被不断更新的认知（Kreps、Wilson，1982）。从食品质量安全角度而言，在信息不对称情况下企业的质量声誉成为企业向消费者所传递的一种质量信号。当高质量声誉带来的溢价足够大时，企业就将产生足够的自动生产高质量安全程度食品的激励，这与企业追求利润最大化的目标并不违背。食品市场自发治理机制即是建立在企业对高质量声誉的追求基础之上。企业声誉在缓解信息不对称的同时，也降低了交易成本。然而发挥企业声誉作用同样存在约束条件，张维迎（2002）指出企业的诚信水平直接受到监管制度完善程度的影响。依靠企业维护自身声誉作为约束企业行为的内在动力需要与政府监管并进，从根本上促进企业的自我规制更需要企业树立强烈的社会责任意识，在追求自身利益最大化的同时，以更广泛的社会利益作为自身诉求。

树立正确的经营理念是企业履行社会责任、进行自我规制的前提。当前针对食品企业存在的社会责任缺失现象，企业在经营理念上要解决的重要问题之一，就是把企业社会责任作为企业文化建设的重要内容和重塑企业核心价值观的关键。

企业社会责任的内涵在于要求企业对各个利益相关者负责，企业肩负社会责任的内在原因在于企业生存依赖于这些利益相关者。其中的利益相关者是指影响企业生产经营或受企业生产经营活动影响的个人或团体，包括企业的员工、消费者、上游供应商、竞争者、政府、社区等。具体而言，食品企业社会责任包括以下三个方面：第一，对企业员工的责任，主要是指为员工提供安全、健康的工作环境和合理的劳动报酬，以及《中华人民共和国劳动法》规定的其他员工权利，如休息、休假权等;第二,对股东、债权人等其他利益相关者的责任,主要是指为股东创造更多的利润,增强企业竞争力,同时有责任向股东提供真实信息;第三,对消费者的责任,主要是指为消费者提供高质量的食品,保证食品安全,这是食品企业所承担的社会责任当中最重要的一项。

食品企业社会责任的内涵主要体现在以下两个层面:一是企业自身为构建各个利益主体间的和谐氛围所应承担的责任;二是食品企业在外部要主动承担与社会各利益相关主体尤其是消费者之间的和谐义务。食品安全是食品企业责任的最底线,是食品企业社会责任的首要特征。因此食品企业应主动强化自身的社会责任意识,把保障消费者的健康和生命安全作为食品企业的基本职责来加强重视。

2. 健全食品企业信息披露制度

在普遍存在信息不对称的食品市场中,健全食品企业信息披露制度,有助于以最简明的形式,将食品企业安全生产的能力告知消费者,进而有利于消费者做出消费决策。具体来说,应加强信息披露的领域主要包括以下几个方面:

第一,披露有关食品生产加工企业质量控制能力信息。根据 HACCP 系统的理念,食品安全取决于生产加工过程中的某些关键环节。因此,可以参照 HAC-CP 系统评价的各项指标,要求企业对其中多数指标予以分级评定,并将这种评定结论在商品标签上明示,以便于消费者通过食品标签、标识判断食品质量安全可靠的程度,结合自身需求和经济情况做出消费决策。

第二,披露餐饮食品质量信息。餐饮食品质量安全主要取决于两个因素:一是使用的菜、油、调味品等原料的质量;二是餐饮加工环境和加工过程中的卫生程度。因此,可以借鉴美国一些餐厅的做法,要求餐饮单位在菜谱上说明其使用的食用油、调味品、蔬菜、肉类等原料的品牌及采购来源。为解决加工过程中的卫生问题,除加强卫生监督、每日监测外,可使具备条件的餐饮单位,通过各种方式便于消费者监督。

3. 强化食品企业采取 HACCP 体系

HACCP 是发达国家普遍采用的一种食品安全风险控制体系,也是我国近年来应用逐渐增多的一种食品质量检测和风险控制手段,HACCP 的实施有助于对整个食品生产加工过程进行高效监控。

食品企业建立 HACCP 体系,应注意 HACCP 的使用情况,不同食品行业、不同工厂、不同生产线所设置的关键控制点、关键控制限值等各有差异,企业应从自身实际出发,做出符合企业自身行业特点和经营条件的改造措施,逐步开展企业自身的 HACCP 研究实施工作,从而建立完善的安全质量控制体系。同时,对于中小食品生产加工企业应给予必要的支持。中小型企业实施 HACCP 体系的平均成本较高,在短期内强制推行 HACCP 体系可能降低生产者福利,影响中小企业的发展，甚至影响整个食品行业和地方经济的健康发展。因此，可通过尝试建立"HACCP 资源中心"以及时给予中小企业必要的支持。同时可组织小企业与大型企业开展交流，分享 HACCP 体系实施经验，在试点基础上，为不同行业和产品类别的中小型食品企业制定 HACCP 体系实施参考模型，对中小型食品企业进行定期或不定期的 HACCP 实施培训，为企业提供咨询和帮助等。

4. 建立食品安全长效可追溯体系

食品安全可追溯体系本身亦可视作是一种传递食品安全信息的途径。对于企业而言，建立食品安全可追溯体系有助于提高其对整个食品供应链的管控能力，在食品安全问题发生时，能够锁定发生问题的环节，明晰上下游企业之间的责任归属。对消费者来说，可追溯体系的存在在保障消费者合法权益方面具有重要意义，使消费者在遭受食品安全风险侵害时能够明确追溯问题的根源，进行有效维权，建立全程供应链的可追溯体系同样有助于帮助消费者识别食品安全风险，此外食品安全可追溯信息与产品质量信息标签同样具有提振消费者信心的重要作用。对于整个社会而言，可追溯体系的存在降低了食品安全风险引起的社会成本，避免了由于无法明确问题责任方所导致的消费者福利损失。

三、社会力量协同

根据现代治理理论，政府监管机制、市场自我治理机制和社会自愿机制是维系公共秩序治理的三大基本机制。社会中间层作为社会公共事务管理的补充主体，通常具有市场和政府所不具备的优势，作为政府与市场的纽带，它既能在市场主体间的竞争与交易中起到媒介和经纪作用，又在政府干预市场主体中发挥沟通和传导的作用。在西方发达国家的食品安全监管中，社会力量扮演了越来越重要的角色，某种程度上也为政府分担了监管压力。在食品安全领域，社会中间层主体主要包括工商业者团体（食品行业协会、个体工商会协会、商会）、消费者协会等，以及食品安全风险评估机构、产品质量检验机构、质量认证机构、高校科研院所食品安全研究机构等。社会中间层主体所具有的非营利性、公益性和专业性的特征能够协助政府履行好食品安全监管的职责。

1. 通过行业自律对食品生产加工企业进行监管

食品行业协会对本行业的生产技术、工艺流程、成本管理、产品品质、销售管理等方面相对于政府和消费者拥有明显的信息优势。在发达国家几乎各个行业都拥有自己的行业协会，行业协会的功能一方面代表行业利益在利益集团制定政策的博弈中发出本行业的声音；另一方面是进行行业自律和自我管理，履行保证产品质量、保护环境等社会责任。

由于我国食品行业的一个突出特点是存在相当大数量的小规模生产加工企

业，食品安全监管部门的监管能力有限，难以做到全面覆盖，因此更需要行业协会发挥作用，逐步建立监管部门引导、行业协会主导的食品安全诚信体系，通过行业自律和诚信体系建设改善食品安全监管效果。行业协会要不断创新和完善协会管理服务体系，加强对协会成员的食品安全教育，树立行业荣誉感；组织会员进行业务培训、掌握确保食品卫生质量的先进方法；保持和加强与政府部门的联系，并获得最新政策信息；向政府部门提供准确的食品安全信息，利于食品安全监管政策的执行，同时降低食品安全监管的成本；在应对行业内食品安全突发事件时，加强与政府监管机构沟通，积极消除不良影响，妥善处理善后工作等。

2. 持续开展食品安全研究

食品安全监管是一个持续的过程，对食品安全的研究也应持之以恒。作为社会中间组织的一部分，研究机构应发挥其在食品安全方面的专业研究特长，探讨各类食品安全加工新工艺，进行相关数据汇总和分析，把食品安全工作经验和存在的不足上升到理论高度，以此推动食品安全工作的不断深入。研究机构还可通过承接政府部门或企业委托的食品安全研究课题，为政府或企业重大食品安全工作的决策提供专业意见和建议。

为此，应进一步完善相关法律制度，保障各种社会中间层主体的独立性、公益性及合法权益，为其充分发挥社会监督作用构筑坚实的制度保障。同时，要支持新闻媒体积极参与到食品安全监管过程中，形成公正、透明、有序的信息发布机制，构建维护食品安全的良好社会氛围，以增强社会的消费信心。

四、消费者参与

食品安全直接关系到公众的健康甚至生命安全，消费者并非仅仅是食品安全治理的被动接受者，食品安全的实现同时有赖于每一个公民的积极参与。因此需要建立社会公众监督的利益驱动机制，鼓励、促进社会公众监督。

1. 形成公众监督参与机制

首先政府要关注社会公众的食品安全需求，以公众满意度作为政府运行的使命。政府在食品安全监管中应该将关注的焦点对准消费者的需要，通过各种方式及时了解消费者的需求并设法满足，同时尽可能地向消费者提供充分的食品安全相关信息，如通过定期召开信息发布会、公众听证会、公众代表座谈等形式来咨询、收集公众意见。其次政府要建立有效的公众参与机制，保证公众能够全程监督食品安全。食品安全涉及生产、加工、储运、消费等各个环节，因此这些环节的食品立法、执法和司法的全过程应随时听取公众意见，接受舆论监督。在新的食品安全监管政策出台前，选取公众代表参加决策出台前的论证会，客观推动了政府主体监管和社会中间层主体监管的实施。

2. 完善公益诉讼途径

考虑到食品安全的特殊性、公共利益性等特征，应当完善公益诉讼制度，使社会公众具有公益诉讼的起诉主体资格，以保证社会公众在司法环节履行监督职能。在具体的制度设计上，要充分考虑公众的弱势地位，减轻社会公众在食品安全诉讼中的举证责任，延长起诉时效，提高生产企业对社会公众的民事赔偿标准，提高社会公众通过诉讼维护自身的便利程度和积极性，使社会公众发挥基础性力量的监督职能不仅局限于立法、执法环节，还能在司法环节发挥作用。

与此同时，为形成食品安全监管合力，还必须加强消费者执法监督作用。针对目前各级人大主要关注司法监督、较少过问行政执法的现状，在程序上将行政执法纳入人大执法监督的范围，并使食品安全执法接受社会公众监督和舆论监督。

结束语

随着经济社会的发展以及人民生活水平的不断提高，食品安全成为人们日益关注的焦点。食品安全问题的发生不仅危害消费者的生命安全与健康，更造成了严重的经济和社会影响，甚至成为经济社会可持续发展的制约因素。政府进行食品安全监管旨在解决食品市场中存在的严重信息不对称问题，然而在监管不断加强的情况下，食品安全事故依然频繁发生，说明食品安全监管中同时存在政府失灵现象。控制食品安全事故的发生，保证消费者的生命健康，有待于我国食品安全监管改革的进一步推进与完善。本书的研究目的在于，从解决政府失灵的角度提出我国食品安全监管体制改革的方向，通过博弈分析并援引合作治理理论，提出在充分发挥政府主导作用的前提下引导企业自律，联合社会组织和消费者力量，以提升我国食品安全监管效果。

本书首先系统分析了我国食品安全的监管现状，并通过建立衡量监管强度的总体指标，发现近年来我国食品安全监管一直呈现持续增强的趋势。其次，分别从企业和消费者两个角度对我国食品安全监管的效果进行评价，从而得出尽管监管投入有所增加，监管强度有所提升，但我国食品安全监管的效果并不理想的结论。政府监管机构作为监管的实施者，其权力配置方式是决定监管效果的关键因素。因此，有关监管体制的研究也作为本书的重点之一。在对我国食品安全监管体制改革进行梳理的基础上，本书分别通过建立监管者作为代理人和委托人的委托—代理模型，对食品安全监管体制进行分析和设计，指出目前开始启动的大部制改革方向上的正确性，同时考虑到部门合并的风险和重置成本以及控制规制俘获的问题，应保持监管机构之间适度的监督与制衡。由于食品安全监管中同时涉及政府监管机构、企业与消费者多个利益相关主体，本书进而通过监管中利益相关者之间的博弈分析，发现在改革政府监管体制、强化政府主导作用的基础上，来自消费者与社会的监督力量以及企业的自我规制意识同样是影响监管效果的重要因素。监管改革最终要通过具体的政策工具来实现。最后，在全书的末篇中，笔者分析了以信息揭示与事后威慑为目的的传统食品安全监管政策工具的作用机制，并提出通过建立多元主体间的合作治理框架作为提升我国食品安全监管效果的制度保障。

我国的食品安全监管改革依然任重道远。对于学者而言，今后在相关领域仍有很大的研究空间。在监管效果评价方面，尽管食品安全监管领域的大部制改革已经在中央层面启动，但地方省、市一级的相应改革仍在推行过程中，因而我们也无法对大部制改革后的食品安全监管效果进行评价。随着我国食品安全监管体制改革的进一步深入，更需要建立科学、系统的监管效果评价体系，尤其是建立企业层面的微观数据库，以进行覆盖范围更全面的监管成本—收益分析，而实现这一目标需要完成大量收集整理数据的基础性工作。我国食品安全监管相关研究的前景也在一定程度上决定了本书的进一步研究方向。首先，为了弥补由于数据不足所造成的效果评价研究方面的局限，今后可通过广泛调研等方式积累大量微观数据，丰富效果评价体系，完善评价结果。其次，对于监管体制的研究可由同一行政层级的横向分权延伸至中央到地方层面的监管权力分配，探讨地方政府在面临食品安全治理与政绩竞标的双重约束下其角色转换与治理水平改善的问题。最后，也可从食品安全监管过程的角度，对创新监管模式展开深入研究，探索在互联网平台食品安全交易等新的现实背景下更为有效的监管模式与监管工具的运用。

附　录

仿真模拟程序

1. 企业食品安全事故率外生决定的情况

breed ［ producers producer ］
breed ［ sellers seller ］

globals ［ total – safety ］

turtles – own ［ safety money ］ ; money of producers, sellers ; the safety of food

patches – own ［ fortune ］

```
to setup
  ca
  create – producers number – of – producer ［
    set shape " person"
    set color red
    set size 2. 5
    setxy random – xcor random – ycor
    set money 100
    set safety probability – safety – producer   ; ; μ（p）for producers
  ］
  create – sellers number – of – seller ［
    set shape "person"
    set color blue
```

```
        set size 1. 5
        setxy random – xcor random – ycor
        set money 100
        set safety probability – safety – seller   ; ; μ（p）for sellers
    ]
    set total – safety 1 – （ 1 – probability – safety – producer ） * （ 1 – proba-
bility – safety – seller ）
    ask patches [
        set pcolor one – of [ green brown ]
        ifelse pcolor = green [
            set fortune 10
        ]
        [
            set fortune 0
        ]
    ]
    reset – ticks
end


to go
    if not any? turtles [
        stop
    ]
    ask producers [
        wiggle
        move
        check – if – broke
        trade        ; ; between producers and sellers
        trace
        reproduce
    ]
    ask sellers [
        wiggle
```

```
        move
        check – if – broke
        sell          ; ; between sellers and buyers
        trace
        reproduce
    ]
    ask patches [
        if pcolor = green [
            earn
        ]
    ]
    tick
end



to wiggle
    rt random 90
    lt random 90
end



to move
    ifelse breed = producers [
        move – producers
    ]
    [
        move – sellers
    ]
end



to move – producers
    forward 1
    set money money – fix – cost – p
```

```
    end


to move - sellers
  forward 1
  set money money - fix - cost - s
end


to trade
  if any? sellers - here [
    let target one - of sellers - here
    ask target [
      set money money - p      ;; p is the price percentage of semi - product
    ]
    set money money + p - ( 1 - probability - safety - producer ) * c
  ]
end


to sell
  if fortune > = p' [
    set money money + p' - ( 1 - probability - safety - seller ) * c'
    set fortune fortune - p'
  ]
end


to trace
  if random 100 < total - safety * 100 [
    if random 100 < probability - traceability - seller * 100 [
      ifelse random 100 < probability - traceability - producer * 100 [
        ask sellers [
          set money money - probability - traceability - producer * proba-
```

bility – traceability – seller ＊ probability – safety – seller ＊ （ 1 – probability – safety – producer ） ＊ per
>]
> > ask producers [
> > > set money money – probability – traceability – producer ＊ probability – traceability – seller ＊ probability – safety – producer ＊ per
> > > >]
> > >]
> > [ask sellers [
> > > set money money – probability – traceability – seller ＊ （ 1 – probability – traceability – producer ） ＊ total – safety ＊ per
> > > >]
> > > >]
> > >] .
> >]

    end

    to check – if – broke
      if money ＜ ＝ 0 [
        die
      ]
    end

    to reproduce
      if money ＞ 200 [
        set money money – 100
        hatch 1 [set money 100]
      ]
    end

    to earn

```
    set fortune fortune  +  0. 8
      if fortune  >  0 [
      set fortune 10
    ]
end



;;;;;;;;;;;; end of the procedure
```

2. 企业可以自行调节食品安全事故率的情况
```
breed [ producers producer ]
breed [ sellers seller ]



turtles – own [ money total – safety probability – safety – producer probability –
safety – seller ]

patches – own [ fortune ]

to setup
  ca
  create – producers number – of – producer [
    set shape "person"
    set color red
    set size 2. 5
    setxy random – xcor random – ycor
    set money 100
    set probability – safety – producer 0. 05
  ]
  create – sellers number – of – seller [
    set shape " person"
    set color blue
    set size 1. 5
    setxy random – xcor random – ycor
```

```
        set money 100
        set probability - safety - seller 0. 05
    ]
    ask turtles [
        set total - safety 1  -  ( 1  -  probability - safety - producer )  *  ( 1  - prob-
ability - safety - seller )
    ]
    ask patches [
        set pcolor one - of [ green brown ]
        ifelse pcolor = green [
            set fortune 10
        ]
        [
            set fortune 0
        ]
    ]
    reset - ticks
end


to go
    if not any? turtles [
        stop
    ]
    ask producers [
        wiggle
        move
        check - if - broke
        trade        ;; between producers and sellers
        trace
        reproduce
    ]
    ask sellers [
        wiggle
```

```
      move
      check - if - broke
      sell          ; ; between sellers and buyers
      trace
      reproduce
    ]
    ask patches [
      if pcolor = green [
        earn
      ]
    ]
    tick
  end



to wiggle
  rt random 90
  lt random 90
end



to move
  ifelse breed = producers [
    move - producers
  ]
  [
    move - sellers
  ]
end



to move - producers
  forward 1
  set money money  -  fix - cost - p
```

```
end


to move - sellers
  forward 1
  set money money  -  fix - cost - s
end


to trade
  if any? sellers - here [
    let target one - of sellers - here
    ask target [
      set money money  -  p      ;; p is the price of semi - product
    ]
    set money money + p - ( 1 - probability - safety - producer ) * c
  ]
end


to sell
  if fortune > = p′ [
    set money money + p′ - ( 1 - probability - safety - seller ) * c′
    set fortune fortune - p′
  ]
end


to trace
  if random 100 < total - safety * 100 [
    ifelse random 100 < probability - traceability - seller * 100 [
      ifelse random 100 < probability - traceability - producer * 100 [
        ask sellers [
          set money money - probability - traceability - producer * probability -
```

traceability – seller * probability – safety – seller * （ 1 – probability – safety – pro-ducer ） * per

    set probability – safety – seller probability – safety – seller * （ 1 – random – float 0. 1 ）

   ]

   ask producers [

    set money money – probability – traceability – producer * probability – traceability – seller * probability – safety – producer * per

    set probability – safety – producer probability – safety – producer * （ 1 – random – float 0. 1 ）

    ]

   ]

   [ask sellers [

    set money money – probability – traceability – seller * （ 1 – proba-bility – traceability – producer ） * total – safety * per

    set probability – safety – seller probability – safety – seller * （ 1 – random – float 0. 1 ）

   ]

   ask producers [

    set probability – safety – producer probability – safety – producer * （ 1 + random – float 0. 1 ）

   ]

   ]

  ]

  [

   ask sellers [

    set probability – safety – seller probability – safety – seller * （ 1 + ran-dom – float 0. 1 ）

   ]

   ask producers [

    set probability – safety – producer probability – safety – producer * （ 1 + random – float 0. 1 ）

   ]

  ]

```
    ]
end


to check – if – broke
  if money  < = 0 [
    die
  ]
end


to reproduce
  ifelse breed  =  producers [
    reproduce – producers
  ]
   [
    reproduce – sellers
  ]
end


to reproduce – producers
  if money  > 200 [
    set money money  –  100
    hatch 1 [ set money 100 ]
  ]
end


to reproduce – sellers
  if money  > 200 [
    set money money  –  100
    hatch 1 [ set money 100 ]
  ]
```

```
end


to earn
   set fortune fortune + 0. 8
   if fortune > 10 [
      set fortune 10
   ]
end
```

参考文献

［1］1999 年中国卫生统计提要［EB/OL］．中华人民共和国国家卫生和计划生育委员会网站，http：//www. moh. gov. cn/wsb/pzcjd/200804/24131. shtml.

［2］《中国卫生年鉴》编辑委员会．中国卫生年鉴（2002）［M］．北京：人民卫生出版社，2000.

［3］2000 年中国卫生统计提要［EB/OL］．中华人民共和国国家卫生和计划生育委员会网站，http：//www. moh. gov. cn/zwgkzt/ptjty/200805/35308. shtml.

［4］《中国卫生年鉴》编辑委员会．中国卫生年鉴（2001）［M］．北京：人民卫生出版社，2001.

［5］2001 年中国卫生统计提要［EB/OL］．中华人民共和国国家卫生和计划生育委员会网站，http：//www. moh. gov. cn/zwgkzt/ptjty/200805/35309. shtml.

［6］2003 年中国卫生统计提要［EB/OL］．中华人民共和国国家卫生和计划生育委员会网站，http：//www. moh. gov. cn/zwgkzt/ptjty/200805/35310. shtml.

［7］《中国食品药品监督管理年鉴》编辑委员会．中国食品药品监督管理年鉴（2008）［M］．北京：中国华侨出版社，2008.

［8］2010 年我国卫生事业发展统计公报［EB/OL］．中国疾病预防控制中心网站，http：//www. chinacdc. cn/tjsj/gjwstjsj/201105/t20110504_ 43268. htm.

［9］《中国食品工业年鉴》编委会．中国食品工业年鉴（2010）［M］．北京：中华书局，2011.

［10］《中国食品工业年鉴》编委会．中国食品药品监督管理年鉴（2010）［M］．北京：中华书局，2011.

［11］《中国食品工业年鉴》编委会．中国食品药品监督管理年鉴（2011）［M］．北京：中华书局，2012.

［12］白丽，马成林，巩顺龙．中国食品企业实施 HACCP 食品安全管理体系的实证研究［J］．食品工业科技，2005（9）：16 – 18.

［13］陈刚，张浒．食品安全中政府监管职能及其整体性治理——基于整体

政府理论视角 ［J］．云南财经大学学报，2012（5）：152-160.

［14］陈丽霞，国丽影．城市居民食品安全满意度现状及影响因素分析——以长春市为例 ［J］．长春理工大学学报（社会科学版），2014（7）：78-81.

［15］成黎，马艺菲，高扬等．城市居民对食品安全态度调查初探 ［J］．食品安全导刊，2011（4）：78-80.

［16］程立超．食品消费的代际差异——基于中国健康与营养调查的实证研究 ［J］．南方经济，2009（7）：26-35.

［17］冯忠泽，李庆江．消费者农产品质量安全认知及影响因素分析——基于全国7省9市的实证分析 ［J］．中国农村经济，2008（1）：23-29.

［18］工业和信息化部消费品工业司．食品工业发展报告（2015年度）［M］．北京：中国轻工业出版社，2016.

［19］顾振华．上海市食品安全监管变革的历史回顾 ［J］．上海预防医学，2018（1）：26-31.

［20］国家卫生和计划生育委员会．2013中国卫生和计划生育统计年鉴 ［M］．北京：中国协和医科大学出版社，2013.

［21］国家卫生和计划生育委员会．2014中国卫生和计划生育统计年鉴 ［M］．北京：中国协和医科大学出版社，2014.

［22］国家卫生和计划生育委员会．2015中国卫生和计划生育统计年鉴 ［M］．北京：中国协和医科大学出版社，2015.

［23］韩杨，陈建先，李成贵．中国食品追溯体系纵向协作形式及影响因素分析——以蔬菜加工企业为例 ［J］．中国农村经济，2011（12）：54-67.

［24］何坪华，凌远云，周德翼．食品价值链及其对食品企业质量安全信用行为的影响 ［J］．农业经济问题，2009（1）：48-52.

［25］胡颖廉．食品安全监管的框架分析与细节观察 ［J］．改革，2011（10）：147-154.

［26］纪杰．食品安全满意度影响因素分析及监管路径选择——基于重庆的问卷调查 ［J］．中国行政管理，2014（7）：97-100.

［27］冀玮．多部门食品安全监管的必要性分析 ［J］．中国行政管理，2012（2）：54-58.

［28］李怀，赵万里．中国食品安全规制制度的变迁与设计 ［J］．财经问题研究，2009（10）：16-23.

［29］李先国．发达国家食品安全监管体系及其启示 ［J］．财贸经济，2011（7）：91-96，136.

［30］李湘君，王中华，林振平．新型农村合作医疗对农民就医行为及健康的

影响——基于不同收入层次的分析［J］. 世界经济文汇，2012（3）：58 – 75.

［31］李想. 信任品质量的一个信号显示模型：以食品安全为例［J］. 世界经济文汇，2011（1）：87 – 108.

［32］廖卫东，肖可生，时洪洋. 论我国食品公共安全规制的制度建设［J］. 当代财经，2009（11）：93 – 98.

［33］刘畅，张浩，安玉发. 中国食品质量安全薄弱环节、本质原因及关键控制点研究——基于 1460 个食品质量安全事件的实证分析［J］. 农业经济问题，2011，32（1）：24 – 31，110 – 111.

［34］刘鹏. 中国食品安全监管——基于体制变迁与绩效评估的实证研究［J］. 公共管理学报，2010（2）：63 – 78.

［35］刘为军，魏益民，潘家荣等. 现阶段中国食品安全控制绩效的关键影响因素分析——基于 9 省（市）食品安全示范区的实证研究［J］. 商业研究，2008（7）：127 – 131，186.

［36］刘霞，郑风田，罗红旗. 企业遵从食品安全规制的成本研究——基于北京市食品企业采纳 HACCP 的实证分析［J］. 经济体制改革，2008（6）：73 – 78.

［37］马双，臧文斌，甘犁. 新型农村合作医疗保险对农村居民食物消费的影响分析［J］. 经济学（季刊），2011，10（1）：249 – 270.

［38］马缨，赵延东. 北京公众对食品安全的满意程度及影响因素分析［J］. 北京社会科学，2009（3）：17 – 20.

［39］皮建才. 中国大部制改革的组织经济学考察［J］. 中国工业经济，2011（5）：90 – 98.

［40］秦庆，舒田，李好好. 武汉市居民食品安全心理调查［J］. 统计与决策，2006（15）：65 – 66.

［41］施普尔伯. 管制与市场［M］. 上海：格致出版社，2008.

［42］孙世民，李娟，张健如. 优质猪肉供应链中养猪场户的质量安全认知与行为分析——基于 9 省份 653 家养猪场户的问卷调查［J］. 农业经济问题，2011，32（3）：76 – 81，111.

［43］唐晓纯，王志刚，张星联等. 我国农村居民食品安全信息服务需求及影响分析——基于八省市 602 份农户的调研［J］. 软科学，2014，28（10）：32 – 38.

［44］汪鸿昌，肖静华，谢康等. 食品安全治理——基于信息技术与制度安排相结合的研究［J］. 中国工业经济，2013（3）：98 – 110.

［45］王锋，张小栓，穆维松等. 消费者对可追溯农产品的认知和支付意愿分析［J］. 中国农村经济，2009（3）：68 – 74.

［46］王建华，葛佳烨，刘苗．民众感知、政府行为及监管评价研究——基于食品安全满意度的视角［J］．软科学，2016（1）：36-40，65.

［47］王俊秀．中国居民食品安全满意度调查［J］．江苏社会科学，2012（5）：66-71.

［48］王能，任运河．食品安全监管效率评估研究［J］．财经问题研究，2011（12）：35-39.

［49］王秀清，孙云峰．我国食品市场上的质量信号问题［J］．中国农村经济，2002（5）：27-32.

［50］王耀忠．食品安全监管的横向和纵向配置——食品安全监管的国际比较与启示［J］．中国工业经济，2005（12）：64-70.

［51］王永钦等．信任品市场的竞争效应与传染效应：理论和基于中国食品行业的事件研究［J］．经济研究，2014（2）：141-154.

［52］王志刚，翁燕珍，杨志刚等．食品加工企业采纳 HACCP 体系认证的有效性：来自全国 482 家食品企业的调研［J］．中国软科学，2006（9）：69-75.

［53］王志刚，孙云曼，杨胤轩等．媒体对消费者食品安全消费的导向作用分析［J］．农产品质量与安全，2013（5）：69-73.

［54］王志刚，王斯文．消费者对食品安全风险来源的关注度分析——基于全国城乡居民的问卷调查［J］．中国食物与营养，2012（5）：37-40.

［55］王志刚．食品安全的认知和消费决定：关于天津市个体消费者的实证分析［J］．中国农村经济，2003（4）：41-48.

［56］吴林海，钱和．中国食品安全发展报告 2012［M］．北京：北京大学出版社，2012.

［57］吴林海，钱和．中国食品安全发展报告 2013［M］．北京：北京大学出版社，2013.

［58］吴林海，尹世久，王建华．中国食品安全发展报告 2014［M］．北京：北京大学出版社，2014.

［59］吴林海，徐玲玲，尹世久．中国食品安全发展报告 2015［M］．北京：北京大学出版社，2015.

［60］尹世久，吴林海，王晓莉，沈耀峰等．中国食品安全发展报告 2016［M］．北京：北京大学出版社，2016.

［61］吴元元．信息基础、声誉机制与执法优化——食品安全治理的新视野［J］．中国社会科学，2012（6）：115-133，207-208.

［62］徐立清，孟菲．中国食品安全研究报告（2011）［M］．北京：科学出

版社，2012.

［63］徐晓新．中国食品安全：问题、成因、对策［J］．农业经济问题，2002（10）：45 – 48.

［64］颜海娜．食品安全监管部门间关系研究：交易费用理论的视角［M］．北京：中国社会科学出版社，2010.

［65］叶俊焘．猪肉加工企业质量安全追溯系统后向控制绩效研究［J］．农业经济问题，2012（3）：84 – 91.

［66］张红凤，陈小军．我国食品安全问题的政府规制困境与治理模式重构［J］．理论学刊，2011（7）：63 – 67.

［67］张红凤．西方规制经济学的变迁［M］．北京：经济科学出版社，2005.

［68］张璐，周晓唯．逆向选择与道德风险条件下的最优激励契约模型研究——关于食品行业的监管问题［J］．制度经济学研究，2011（4）：115 – 129.

［69］张维迎．法律制度的信誉基础［J］．经济研究，2002（1）：3 – 13，92 – 93.

［70］赵学刚．统一食品安全监管：国际比较与我国的选择［J］．中国行政管理，2009（3）：103 – 107.

［71］赵忠，侯振刚．我国城镇居民的健康需求与 Grossman 模型——来自截面数据的证据［J］．经济研究，2005（10）：79 – 90.

［72］中华人民共和国卫生部．中国卫生统计年鉴（2004）［M］．北京：中国协和医科大学出版社，2004.

［73］中华人民共和国卫生部．中国卫生统计年鉴（2005）［M］．北京：中国协和医科大学出版社，2005.

［74］中华人民共和国卫生部．中国卫生统计年鉴（2006）［M］．北京：中国协和医科大学出版社，2006.

［75］中华人民共和国卫生部．中国卫生统计年鉴（2007）［M］．北京：中国协和医科大学出版社，2007.

［76］中华人民共和国卫生部．中国卫生统计年鉴（2008）［M］．北京：中国协和医科大学出版社，2008.

［77］中华人民共和国卫生部．中国卫生统计年鉴（2009）［M］．北京：中国协和医科大学出版社，2009.

［78］中华人民共和国卫生部．中国卫生统计年鉴（2010）［M］．北京：中国协和医科大学出版社，2010.

［79］中华人民共和国卫生部．中国卫生统计年鉴（2011）［M］．北京：中

国协和医科大学出版社，2011.

［80］中华人民共和国卫生部．中国卫生统计年鉴（2012）［M］．北京：中国协和医科大学出版社，2013.

［81］周德翼，杨海娟．食物质量安全管理中的信息不对称与政府监管机制［J］．中国农村经济，2002（6）：29－35，52.

［82］周洁红，胡剑锋．蔬菜加工企业质量安全管理行为及其影响因素分析——以浙江为例［J］．中国农村经济，2009（3）：45－56.

［83］周洁红，姜励卿．食品安全管理中消费者行为的研究与进展［J］．世界农业，2004（10）：22－24.

［84］周洁红．农户蔬菜质量安全控制行为及其影响因素分析——基于浙江省396户菜农的实证分析［J］．中国农村经济，2006（11）：25－34.

［85］周洁红．消费者对蔬菜安全的态度、认知和购买行为分析——基于浙江省城市和城镇消费者的调查统计［J］．中国农村经济，2004（11）：44－52.

［86］周黎安，陈烨．中国农村税费改革的政策效果：基于双重差分模型的估计［J］．经济研究，2005（8）：44－53.

［87］周清杰．论食品安全监管中的北京模式［J］．中国工商管理研究，2009（2）：1，7－10.

［88］周孝，冯中越．声誉效应与食品安全水平的关系研究——来自中国驰名商标的经验证据［J］．经济与管理研究，2014（6）：111－122.

［89］Adrain J，R Daniel. Impact of Socioeconomic Factors on Consumption of Selected Food Nutrients in the United States［J］. American Journal of Agricultural Economics，1976，58（1）：31－38.

［90］Antle J M. Chapter 19 Economic Analysis of Food Safety［J］. Handbook of Agricultural Economics，1998，1（1）：1083－1136.

［91］Antle J M. Benefits and Costs of Food Safety Regulation［J］. Food Policy，1999，24（6）：605－623.

［92］Antle J M. Efficient Food Safety Regulation in the Food Manufacturing Sector［J］. American Journal of Agricultural Economics，1996，78（5）：1242－1247.

［93］Antle J M. No Such Thing as a Free Safe Lunch：The Cost of Food Safety Regulation in the Meat Industry［J］. American Journal of Agricultural Economics，2000，82（2）：310－322.

［94］Blundel R，Costa M. Evaluation Methods for Non－Experimental Data［J］. Fiscal Studies，2000，21（4）：427－468.

［95］Bockerman P，Ilmakunnas P. Unemployment and Self－Assessed Health：

Evidence from Panel Data [J] . Health Economics, 2009, 18 (2): 161 –179.

[96] Buzby J C, J A Fox, R C Ready, et al. Measuring Consumer Benefits of Food Safety Risk Reductions [J] . Journal of Agricultural and Applied Economics, 1998, 30 (1): 69 –82.

[97] Buzby J C , P D Frenzen. Food Safety and Product Liability [J] . Food Policy, 1999, 24 (6): 637 –651.

[98] Calzolari G, A Pavon. On the Optimality of Privacy in Sequential Contracting [J] . Journal of Economic Theory, 2004, 130 (1): 168 –204.

[99] Caswell J A. Valuing Food Safety and Nutrition [J] . General Information, 1995, 18 (6): 527 –528.

[100] Caswell J, Mojduszka E M. Using Informational Labeling to Influence the Market for Quality in Food Products [J] . American Joural of Agricultural Economics, 1996, 78 (5): 1248 –1253.

[101] Commission on Global Governance. Our Global Neighbourhood: The Report of the Commission on Global Governance [M] . London: Oxford University Press, 1995.

[102] Corrado C J. A Nonparametric Test for Abnormal Security – price Performance in Event Studies [J] . Journal of Financial Economics, 1989, 23 (2): 385 –395.

[103] Cowan A R. Nonparametric Event Study Tests [J] . Review of Quantitative Finance and Accounting, 1992, 2 (4): 343 –358.

[104] Darby M R, E Karni. Free Competition and the Optimal Amount of Fraud [J] . Journal of Law and Economics, 1973, 16 (1): 67 –88.

[105] Daughety A F, J F Reinganum. Products Liability, Signaling and Disclosure [J] . Journal of Institutional and Theoretical Economics JITE, 2007, 164 (1): 106 –126.

[106] Dickinson D L, D Bailey. Meat Traceability: Are US Consumers Willing to Pay for It? [J] . Journal of Agricultural and Resource Economics, 2002, 27 (2): 348 –364.

[107] Dixit A. Incentives and Organizations in the Public Sector: An Interpretative Review [J] . Journal of Human Resources, 2002, 37 (4): 696 –727.

[108] Eijlander P. Possibility and Constraints in the Use of Self – Regulation and Co – regulation in Legislative Policy: Experiences in the Netherlands – Lessons to Be Learned for the EU? [J] . Journal of Applied Sciences Research, 2005, 17 (4): 899 –902.

［109］ Fearne A, Martinez M G. Opportunities for Coregulation of Food Safety: Insights from the United Kingdom ［J］. Theriogenology, 2011, 83 (3): 344 – 352.

［110］ Fox J A, D J Hayes, J F Shogren, et al. Experimental Methods in Consumer Preference Studies ［J］. Staff General Research Papers Archive, 1996, 27 (2).

［111］ Garcia Martinez M, A Fearne, J A Caswell, et al. Co – regulation as a Possible Model for Food Safety Governance: Opportunities for Public – Private Partnerships ［J］. Food Policy, 2007, 32 (3): 299 – 314.

［112］ Garcia Martinez M, P Verbruggen, A Fearne. Risk – Based Approaches to Food Safety Regulation: What Role for Co – regulation? ［J］. Journal of Risk Research, 2013, 16 (9): 1101 – 1121.

［113］ Golan E H, S J Vogel, P D Frenzen, et al. Tracing the Costs and Benefits of Improvements in Food Safety: The Case of Hazard Analysis and Critical Control Point Program for Meat and Poultry ［J］. Agricultural Economics Reports, 2000.

［114］ Grafton S M, G E Hoffer, et al. Testing the Impact of Recalls on the Demand for Automobiles ［J］. Economic Inquiry, 1981, 19 (4): 694 – 703.

［115］ Grossman M. On the Concept of Health Capital and the Demand for Health ［J］. Journal of Political Economy, 1972, 80 (2): 223 – 255.

［116］ Halbrendt C K, J D Pesek Jr, A Parsons, et al. Using Conjoint Analysis to Assess Consumers' Acceptance of Post – Supplemented Pork ［J］. Valuing Food Safety and Nutrition, 1995.

［117］ Hammitt J K, K Haninger. Willingness to Pay for Food Safety: Sensitivity to Duration and Severity of Illness ［J］. American Journal of Agricultural Economics, 2007, 89 (5): 1170 – 1175.

［118］ Heckman J, Ichimura H, Smith J, et al. Characterizing Selection Bias Using Experimental Data ［J］. Econometrica, 1998, 66 (5): 1017 – 1098.

［119］ Henson S. Estimating the Incidence of Food – Borne Salmonella and the Effectiveness of Alternative Control Measures Using the Delphi Method ［J］. International Journal of Food Microbiology, 1997, 35 (3): 195 – 204.

［120］ Henson S, B Traill. The Demand for Food Safety: Market Imperfections and the Role of Government ［J］. Food Policy, 1993, 18 (2): 152 – 162.

［121］ Henson S, J Caswell. Food Safety Regulation: An Overview of Contemporary Issues ［J］. Food Policy, 1999, 24 (6): 589 – 603.

［122］ Henson S, M Heasman. Food Safety Regulation and the Firm: Understanding the Compliance Process ［J］. Food Policy, 1998, 23 (1): 9 – 23.

［123］Henson S, N H Hooker. Private Sector Management of Food Safety: Public Regulation and the Role of Private Controls ［J］. International Food and Agribusiness Management Review, 2001, 4 (7): 7 – 17.

［124］Heyman F, Sjoholm F, Tingvall P G. Is There Really a Foreign Ownership Wage Premium? Evidence from Matched Employer – Employee Data ［J］. Journal of International Economics, 2007, 73 (2): 355 – 376.

［125］Hobbs J E. Information Asymmetry and the Role of Traceability Systems ［J］. Agribusiness, 2004, 20 (4): 397 – 415.

［126］Holleran E, M E Bredahl, L Zaibet. Private Incentives for Adopting Food Safety and Quality Assurance ［J］. Food Policy, 1999, 24 (6): 669 – 683.

［127］Holmstrom B, P Milgrom. Multitask Principal – Agent Analyses: Incentive Contracts, Asset Ownership, and Job Design ［J］. Journal of Law Economics and Organization, 1991 (7): 24 – 52.

［128］Hooker N H, V Salin. Stock Market Reaction to Food Recalls ［J］. Applied Economics Letters, 2002, 9 (15): 979 – 987.

［129］Hooker N, J Caswell. Regulatory Targets and Regimes for Food Safety: A Comparison of North American and European Approaches ［J］. Department of Resource Economics Regional Research Porject, 1996.

［130］Itoh H. Cooperation in Hierarchical Organizations: An Incentive Perspective ［J］. Journal of Law Economics and Organization, 1992, 8 (2): 321 – 345.

［131］Itoh H. Job Design and Incentives in Hierarchies with Team Production ［J］. Iser Discussion, 2014, 36.

［132］Itoh H. Job Design, Delegation and Cooperation: A Principal – Agent Analysis ［J］. European Economic Review, 1994, 38 (34): 691 – 700.

［133］Jarrell G, S Peltzman. The Impact of Product Recalls on the Wealth of Sellers ［J］. Journal of Political Economy, 1985, 93 (3): 512 – 536.

［134］Jin G Z, P Leslie. The Effect of Information on Product Quality: Evidence from Restaurant Hygiene Grade Cards ［J］. Quarterly Journal of Economics, 2003, 118 (2): 409 – 451.

［135］Kong D. Does Corporate Social Responsibility Matter in the Food Industry? Evidence from a Nature Experiment in China ［J］. Food Policy, 2012, 37 (3): 323 – 334.

［136］Kreps D M, R Wilson. Reputation and Imperfect Information ［J］. Journal of Economic Theory, 1999, 27 (2): 253 – 279.

[137] Kuchler F, E H Golan. Assigning Values to Life: Comparing Methods for Valuing Health Risks [R]. Agriculture Economic Reports, 1999.

[138] Laffont J J, J Tirole. A Theory of Incentives in Procurement and Regulation [M]. MIT Press Books, 1993.

[139] Laffont J J, Zantmanw W. Information Acquisition, Political Game and the Delegation of Authority [J]. European Journal of Political Economy, 2002, 18 (3): 407 – 428.

[140] Laffont J J, D Martimort. Separation of Regulators Against Collusive Behavior [J]. Rand Journal of Economics, 1999, 30 (2): 232 – 262.

[141] Laffont J J, D Martimort. Transaction Costs, Institutional Design and the Separation of Powers [J]. European Economic Review, 1998, 42 (3 – 5): 673 – 684.

[142] Laffont J J, J Pouyet. The Subsidiarity Bias in Regulation [J]. Journal of Public Economics, 2004, 88 (1 – 2): 255 – 283.

[143] Laffont J J, M Meleu. Separation of Powers and Development [J]. Journal of Development Economics, 2001, 64 (1): 129 – 145.

[144] Lancaster K J. A New Approach to Consumer Theory [J]. Journal of Political Economy, 1976, 74 (2): 132 – 157.

[145] Latouche K, P Rainelli, D Vermersch. Food Safety Issues and the BSE Scare: Some Lessons from the French Case [J]. Food Policy, 1998, 23 (5): 347 – 356.

[146] Lluch C, R Williams. Consumer Demand Systems and Aggregate Consumption in the USA: An Application of the Extended Linear Expenditure System [J]. Canadian Journal of Economics, 1975, 8 (1): 49 – 66.

[147] Loureiro M L. Liability and Food Safety Provision: Empirical Evidence from the US [J]. International Review of Law and Economics, 2008, 28 (3): 204 – 211.

[148] MacDonald J M, S Crutchfield. Modeling the Costs of Food Safety Regulation [J]. American Journal of Agricultural Economics, 1996, 78 (5): 1285 – 1290.

[149] Mackinlay A C. Event Studies in Economics and Finance [J]. Journal of Economic Literature, 1997, 35 (1): 13 – 39.

[150] Maldonado E, S Henson, J Caswell, et al. Cost – Benefit Analysis of HACCP Implementation in the Mexican Meat Industry [J]. Food Control, 2005, 16 (4): 375 – 381.

[151] Mergenthaler M, Weinberger K, Qaim M. Consumer Valuation of Food Quality and Food Safety Attributes in Vietnam [J]. Review of Agricultural Economics,

2009, 31（2）：266 - 283.

　　［152］Marsh T L, et al. Impacts of Meat Product Recalls on Consumer Demand in the USA ［J］. Applied Economics, 2004, 36（9）：897 - 909.

　　［153］Martimort D. The Multiprincipal Nature of Government ［J］. European Economic Review, 1996, 40（3 - 5）：673 - 685.

　　［154］Mazzocchi M, M Ragona, A Zanoli. A Fuzzy Multi - Criteria Approach for the Ex - Ante Impact Assessment of Food Safety Policies ［J］. Food Policy, 2013, 38（1）：177 - 189.

　　［155］McCluskey J J. A Game Theoretic Approach to Organic Foods: An Analysis of Asymmetric Information and Policy ［J］. Agricultural and Resource Economics Review, 2016, 29（1）：1 - 9.

　　［156］Meyer M A, T E Olsen, G Torsvik. Limited Intertemporal Commitment and Job Design ［J］. Journal of Economic Behavior and Organization, 1996, 31（3）：401 - 417.

　　［157］Mojduszka E M, J A Caswell. A Test of Nutritional Quality Signaling in Food Markets Prior to Implementation of Mandatory Labeling ［J］. American Journal of Agricultural Economics, 2000, 82（2）：298 - 309.

　　［158］Morgan O A, J C Whitehead, W L Huth, et al. A Split - Sample Revealed and Stated Preference Demand Model to Examine Homogenous Subgroup Consumer Behavior Responses to Information and Food Safety Technology Treatments ［J］. Environmental and Resource Economics, 2013, 54（4）：593 - 611.

　　［159］Mueller R K. Changes in the Wind in Corporate Governance ［J］. Journal of Business Strategy, 1981, 1（4）：8 - 14.

　　［160］Nelson P. Information and Consumer Behavior ［J］. The Journal of Political Economy, 1970, 78（2）：311 - 329.

　　［161］Ogus A. Rethinking Self - Regulation ［J］. Oxford Journal of Legal Studies, 1996, 15（1）：97 - 108.

　　［162］Oi W Y. The economics of Product Safety ［J］. Bell Journal of Economics and Management Science, 1973, 4（1）：3 - 28.

　　［163］Ollinger M, D L Moore. The Economic Forces Driving the Costs of Food Safety Regulation. ［C］American Economics Association Annual Meeting, Long Beach, California, July 23 - 26, 2006.

　　［164］Ollinger M, D L Moore. The Direct and Indirect Costs of Food - Safety Regulation ［J］. Review of Agricultural Economics, 2009, 31（2）：247 - 265.

［165］ Ollinger M, V Mueller. Managing for Safer Food: The Economics of Sanitation and Process Controls in Meat and Poultry Plants ［J］. Agricultural Economic Reports, 2003.

［166］ Patell J M. Corporate Forecasts of Earnings Per Share and Stock Price Behavior: Empirical Test ［J］. Journal of Accounting Research, 1976, 14 (2): 246 – 276.

［167］ Piggott N E, T L Marsh. Does Food Safety Information Impact U S Meat Demand? ［J］. American Journal of Agricultural Economics, 2011, 86 (1): 154 – 174.

［168］ Polinsky A M. Strict Liability vs. Negligence in a Market Setting ［J］. American Economics Review, 1980, 70 (2): 363 – 367.

［169］ Pouliot S, D A Sumner. Traceability, Liability, and Incentives for Food Safety and Quality ［J］. American Journal of Agricultural Economics, 2010, 90 (1): 15 – 27.

［170］ Pozo V F, T C Schroeder, et al. Evaluating the Costs of Meat and Poultry Recalls to Food Firms Using Stock Returns ［J］. Food Policy, 2016 (59): 66 – 77.

［171］ Ragona M, M Mazzocchi. Food Safety Regulation, Economic Impact Assessment and Quantitative Methods ［J］. Innovation the European Journal of Social Science Research, 2008, 21 (2): 145 – 158.

［172］ Reilly R J, G E Hoffer. Will Retarding the Information Flow on Automobile Recalls Affect Consumer Demand? ［J］. Economic Inquiry, 1983, 21 (3): 444 – 447.

［173］ Resende – Filho M A, T M Hurley. Information Asymmetry and Traceability Incentives for Food Safety ［J］. International Journal of Production Economics, 2012, 139 (2): 596 – 603.

［174］ Kaplan R M, Anderson J P. A General Health Policy Model: Update and Applications ［J］. Health Services Research, 1988, 23 (2): 203 – 235.

［175］ Roosen J, J L Lusk, J A Fox. Consumer Demand for and Attitudes toward Alternative Beef Labeling Strategies in France, Germany, and the UK ［J］. Agribusiness, 2003, 19 (1): 77 – 90.

［176］ Roosen J, D A Hennessy. Capturing Experts' Uncertainty in Welfare Analysis: An Application to Organophosphate Use Regulation in US Apple Production ［J］. American Journal of Agricultural Economics, 2001, 83 (1): 166 – 182.

［177］ Cook R D, Weisberg S. The Central Role of the Propensity Score in Observational Studies for Causal Effects ［J］. Biometrika, 1983, 70 (1): 41 – 55.

［178］ Fares M, Rouviere E. The Implementation Mechanisms of Voluntary Food

Safety Systems [J] . Food Policy, 2010, 35 (5): 412 – 418.

[179] Rouvière E, J A Caswell. From Punishment to Prevention: A French Case Study of the Introduction of Co – Regulation in Enforcing Food Safety [J] . Food Policy, 2012, 37 (3): 246 – 254.

[180] Segerson K. Mandatory Versus Voluntary Approaches to Food Safety [J] . Agribusiness, 2010, 15 (1): 53 – 70.

[181] Serra A P. Event Study Tests: A Brief Survey [J] . Social Science Electronic, 2007, 2 (3) .

[182] Shavell S. A Model of the Optimal Use of Liability and Safety Regulation [J] . Rand Journal of Economics, 1984, 15 (2): 271 – 280.

[183] Shimshack J P, M B Ward. Mercury Advisories and Household Health Trade – off [J] . Journal of Health Economics, 2010, 29 (5): 674 – 685.

[184] Shiptsova R, M R Thomsen, et al. Producer Welfare Changes from Meat and Poultry Recalls [J] . Journal of Food Distribution Research, 2009, 33 (2): 25 – 33.

[185] Shogren J F, J A Fox, D J Hayes, et al. Observed Choices for Food Safety in Retail, Survey, and Auction Markets [J] . American Journal of Agricultural Economics, 1999, 81 (5): 1192 – 1199.

[186] Starbird S A. Designing Food Safety Regulations: The Effect of Inspection Policy and Penalties for Noncompliance on Food Processor Behavior [J] . Journal of Agricultural and Resource Economics, 2000, 25 (2): 616 – 635.

[187] Starbird S A. Moral Hazard, Inspection Policy, and Food Safety [J] . American Journal of Agricultural Economics, 2005, 87 (1): 15 – 27.

[188] Starbird S A, V Amanor – Boadu. Do Inspection and Traceability Provide Incentives for Food Safety? [J] . Journal of Agricultural and Resource Economics, 2006, 31 (1): 14 – 26.

[189] Stoker G. Governance as Theory: Five Propositions [J] . International Social Science Journal, 1998, 50 (155): 17 – 28.

[190] Stone R. Linear Expenditure Systems and Demand Analysis: An Application to the Pattern of British Demand [J] . Economic Journal, 1954, 64 (255): 511 – 527.

[191] Taylor M, H A Klaiber, et al. Changes in US Consumer Response to Food Safety Recalls in the Shadow of a BSE Scare [J] . Food Policy, 2016 (62): 56 – 64.

[192] Teisl M F, N E Bockstael, A Levy. Measuring the Welfare Effects of Nu-

trition Information ［J］. American Journal of Agricultural Economics, 2001, 83 (1):
133 – 149.

［193］Teratanavat R, N H Hooker. Understanding the Characteristics of US Meat and
Poultry Recalls: 1994 – 2002 ［J］. Food Control, 2004, 15 (5): 359 – 367.

［194］Tetlock P. Giving Content to Investor Sentiment: The Role of Media in the
Stock Market ［J］. Social Science Electronic Publishing, 2007, 62 (3): 1139 – 1168.

［195］Thomsen M R, A M Mckenzie. Market Incentives for Safe Foods: An Ex-
amination of Shareholder Losses from Meat and Poultry Recalls ［J］. American Journal
of Agricultural Economics, 2001, 83 (3): 526 – 538.

［196］Tirole J. The Internal Organization of Government ［J］. Oxford Economic
Papers, 1994, 46 (1): 1 – 29.

［197］Traill W B, A Koenig. Economic Assessment of Food Safety Standards:
Costs and Benefits of Alternative Approaches ［J］. Food Control, 2010, 21 (12):
1611 – 1619.

［198］Unnevehr L J, M I Gómez, P Garcia. The Incidence of Producer Welfare
Losses from Food Safety Regulation in the Meat Industry ［J］. Review of Agricultural
Economics, 1998, 20 (1): 186 – 201.

［199］Unnevehr L J, H H Jensen. HACCP as a Regulatory Innovation to Improve
Food Safety in the Meat Industry ［J］. American Journal of Agricultural Economics,
1996, 78 (3): 764 – 769.

［200］Valeeva N I, M P M Meuwissen, R B M Huirne. Economics of Food Safety
in Chains: A Review of General Principles ［J］. NJAS – Wageningen Journal of Life
Sciences, 2004, 51 (4): 369 – 390.

［201］Wilcock A, M Pun, J Khanona, et al. Consumer Attitudes, Know ledge
and Behaviour: A Review of Food Safety Issues ［J］. Trends in Food Science and
Technology, 2004, 15 (2): 56 – 66.

［202］Wilensky U, Rand W. An Introduction to Agent – Based Modeling ［J］.
Physics Today, 2015, 68 (8): 55.

［203］Yapp C, R Fairman. Factors Affecting Food Safety Compliance within
Small and Medium – Sized Enterprises: Implications for Regulatory and Enforcement
Strategies ［J］. Food Control, 2006, 17 (1): 42 – 51.

［204］Zhao X, Y Li, et al. The Financial Impact of Product Recall Announce-
ments in China ［J］. International Journal of Production Economics, 2013, 142
(1): 115 – 123.